Vorausberechnung des Teillastverhaltens von Gasturbinen

Von

Dr.-Ing. H. Hausenblas
Privat-Dozent an der Technischen Hochschule Hannover

Mit 100 Abb

Springer-Verlag

Berlin / Göttingen / Heidelberg

1962

Library of Congress Catalog Card Number: 62 - 17099

ISBN-13: 978-3-642-47391-3 e-ISBN-13: 978-3-642-47389-0
DOI: 10.1007/978-3-642-47389-0

Vorwort

Die zunehmende Bedeutung der Gasturbinen legt nahe, das bisher vorhandene zusammenfassende Schrifttum über diese Maschinenart durch Darstellungen von Einzelproblemen derselben zu ergänzen. In diesem Sinne wird in dem vorliegenden Büchlein das Teillastverhalten von Gasturbinen näher studiert. Es wird vorzugsweise nur das dargestellt, was für den Ingenieur in der Praxis von Interesse ist. Diskussionen von im wesentlichen theoretischer Bedeutung werden bewußt vermieden. Da es für die Untersuchung des Regelverhaltens von Gasturbinen wesentlich ist, das Kennfeld derselben bereits im Entwurfszustand ermitteln zu können, werden vorzugsweise Berechnungsmethoden behandelt, die gestatten, die benötigten Kennfelder der Einzelturbomaschinen aus den Kennlinien der Beschaufelungskränze abzuleiten. Die angegebenen Methoden sind auf die derzeit üblichen Genauigkeiten abgestimmt. Sie können noch verbessert, d. h. verfeinert werden, was hier jedoch allenfalls angedeutet wird. Die heutigen Kenntnisse über die Kennlinien einzelner Beschaufelungskränze werden kurz zusammengefaßt, obwohl der Leser eigenen Unterlagen über die im besonderen Fall angewendeten Profilfamilien den Vorzug geben wird. Die hier dargestellten Unterlagen entstammen vor allem britischen Veröffentlichungen aus den Jahren 1940 bis 1950. Neuere Ergebnisse über die Strömung durch Profilgitter liegen aus dem Kreis um H. SCHLICHTING vor [68—95], doch sind diese Arbeiten derzeit noch nicht abgeschlossen. Einen kurz zusammengefaßten Überblick findet man auch bei TRAUPEL [96].

Für das Teillastverhalten jener Bestandteile von Gasturbinen, die keine Turbomaschinen sind (apparative Bestandteile), wie Wärmetauscher, Zwischenkühler und Brennkammern werden nur kurze Bemerkungen gebracht. Im übrigen sei auf die angegebenen Literaturstellen verwiesen.

Von einer eingehenden Behandlung der Grundlagen und der verschiedenen Schaltungsarten von Gasturbinen sowie deren jeweiliger Vor- und Nachteile wird Abstand genommen. Auch diesbezüglich wird auf das angegebene Schrifttum verwiesen [1—8]. Dasselbe gilt für die allgemeinen aerodynamischen und thermodynamischen Grundkenntnisse, die Auslegung der gesamten Gasturbine und der Teil-Turbomaschinen usw., sowie für die Grundkenntnisse der physikalischen Ähnlichkeitsgesetze.

Kassel, im Frühjahr 1962　　　　　　　　　　**H. Hausenblas**

Inhaltsverzeichnis

Seite

1. Allgemeine Grundlagen für die Kennfelder der Turbomaschinen   1

1.1 Einleitung   1

1.2 Elemente der Gasdynamik   2

1.3 Anwendung der Ähnlichkeitsgesetze auf die Turbomaschinen-Kennfelder   5

1.4 Die Darstellungsformen für Turbomaschinen-Kennfelder bei Außerachtlassung des REYNOLDSschen Ähnlichkeitsgesetzes   6

1.5 Gleichzeitige Berücksichtigung von MACH- und REYNOLDS-Zahleneinfluß   9

2. Das Teillastverhalten des Verdichterteiles   12

2.1 Einleitung   12

2.2 Die Kennlinien der geraden Verdichter-Schaufelgitter   14

2.3 Berechnungsbeispiel für die Kennlinien eines Verdichtergitters   25

2.4 Die Verdichterstufe bei inkompressiblem Strömungsmittel   29

2.5 Die Berechnung der Kennlinien einer Verdichterstufe   33

2.6 Die Berechnung des Kennfeldes eines mehrstufigen Verdichters   41

2.7 Das Kennfeld eines Verdichters unendlicher Stufenzahl   47

2.8 Interpolationsverfahren für Verdichterkennlinien   56

2.9 Das Verdichterkennfeld im Anlaßbereich   57

3. Das Teillastverhalten des Turbinenteiles   59

3.1 Einleitung   59

3.2 Die gasdynamischen Grundlagen für die Berechnung einzelner Schaufelkränze   59

   3.2.1 Die Berechnung ruhender Schaufelkränze (Leiträder)   59

   3.2.2 Die Berechnung umlaufender Schaufelkränze (Laufräder)   65

3.3 Die Kennlinien der geraden Turbinenschaufelgitter   65

3.4 Die Turbine bei inkompressiblem Strömungsmittel   89

3.5 Die Turbine bei kompressiblem Strömungsmittel   92

3.6 Beispiele von Turbinenkennfeldern   99

4. Das Teillastverhalten gesamter Gasturbinen   104

4.1 Die Schaltungsarten von Gasturbinen   104

4.2 Das Mischkennfeld des Gaserzeugers von Gasturbinen   106

4.3 Das Mischkennfeld einer Hüttenwerks-Gasturbine für Gebläsebetrieb ..   112

4.4 Über den Brennkammer-Druckverlust   119

4.5 Über das Teillastverhalten von Wärmetauschern in Gasturbinen   121

Schrifttum   127

Tabelle 1.1/1 Formelzeichen[1]

A Freie Kanalweite in einem Schaufelgitter zwischen zwei benachbarten Schaufeln senkrecht zur mittleren Strömungsrichtung im Kanal

A_* Vgl. Gl. (2.9/2)

C_* Vgl. Gl. (2.9/2)

C_H Gitterkorrekturbeiwert

D Durchmesser

F Strömungsquerschnitt = freie Durchtrittsfläche in Turbomaschinen; Austauschfläche in Wärmetauschern

$\dot{G}$ Gewichtsdurchsatz in der Zeiteinheit

H Enthalpiedifferenz (Förderhöhe bei Verdichtern, Gefälle bei Turbinen)

H_{ad} Isentrope (adiabate) Enthalpiedifferenz

H_i Innere Enthalpiedifferenz (bei Verdichtern auch theoretische Förderhöhe genannt)

H_e Effektive Enthalpiedifferenz (der Wellenleistung der Turbomaschine entsprechende Enthalpiedifferenz)

H_v Den Strömungsverlusten entsprechende Enthalpiedifferenz

M $= w/a$ MACH-Zahl bezogen auf die Schallgeschwindigkeit des jeweiligen statischen Zustandes

$M_{(o)}$ $= w/a_g$ MACH-Zahl bezogen auf die Schallgeschwindigkeit des Gesamtzustandes (Ruhe- oder Kesselzustandes)

M_* $= w/a_{kr}$ MACH-Zahl bezogen auf die Schallgeschwindigkeit des kritischen Zustandes (Lavalgeschwindigkeit)

M_u MACH-Zahl der Umfangsgeschwindigkeit

N Leistung

NP Nennpunkt

Nu NUSSELTsche Zahl

Q Wärmemenge

R Gaskonstante

Re REYNOLDS-Zahl

T Temperatur (absolut)

TF Turbulenzfaktor

U Benetzter Umfang eines Strömungskanals

$\dot{V}$ Volumendurchsatz in der Zeiteinheit

a Schallgeschwindigkeit

c absolute Geschwindigkeit in Turbomaschinen[2]

c_0 $= \sqrt{2 \cdot g \cdot H_{ad}}$ ideale Vergleichsgeschwindigkeit bei Turbinen

d Größte Profildicke; Rohrdurchmesser in Wärmetauschern

f Wölbungspfeil der Profilskelettlinie; freier Rohrquerschnitt in Wärmetauschern

f_∞ Wärmerückgewinnungsfaktor für unendliche Stufenzahl

f_z Wärmerückgewinnungsfaktor für die Stufenzahl z

g Erdbeschleunigung

---

[1] In diesem Verzeichnis wurden nur die *laufend* verwendeten Formelzeichen aufgenommen. In Abschn. 4.5 haben Formelzeichen und Indizes eine abweichende Bedeutung.

h Schaufelhöhe

i $= \beta'_1 - \beta_1$ Zuströmwinkel eines Profilgitters relativ zur Skelettlinieneintrittstangente

k Isentropenexponent

l Sehnenlänge einer Schaufel

m Beiwert für die Berechnung der Austrittsablenkung

$\dot{m}$ Massendurchsatz in der Zeiteinheit

n Drehzahl je Zeiteinheit

p Statischer Druck (absolut)[3]

p_g Gesamtdruck (absolut)[3]

t Teilung

u Umfangsgeschwindigkeit

w Strömungsgeschwindigkeit allgemein; relative Geschwindigkeit in Turbomaschinen[2]

w_∞ Mittlere Geschwindigkeit im Schaufelgitter; $\mathfrak{w}_\infty = \dfrac{1}{2} \cdot (\mathfrak{w}_1 + \mathfrak{w}_2)$

x Abszisse für Profilaufmaße

x_d Dickenrücklage

x_f Wölbungsrücklage

y Ordinate für Profilaufmaße

y_s Ordinate für Profilskelettlinie

z Stufenzahl

Θ $= \dfrac{\varrho \cdot w}{\varrho_g \cdot a_g}$ spezifische Stromdichte bezogen auf Schallgeschwindigkeit und Dichte des Gesamtzustandes (Ruhe- oder Kesselzustandes)

Θ_* $= \dfrac{\varrho \cdot w}{\varrho_{kr} \cdot a_{kr}}$ spezifische Stromdichte bezogen auf Schallgeschwindigkeit und Dichte des kritischen Zustandes (Lavalzustandes)

II Druckverhältnis

α Winkel der Absolutströmung relativ zur Gitterfront (Umfangsrichtung)[2]

α' Winkel der Schaufelskelettlinie relativ zur Gitterfront (Umfangsrichtung) bei Leitbeschaufelungen[2]

α_S Schaufelwinkel (Staffelungswinkel) = Winkel zwischen Profilsehne und Gitterfront (Umfangsrichtung) bei Leitbeschaufelungen[2]

$\Delta\alpha$ Umlenkwinkel der Strömung im Schaufelgitter bei Leitbeschaufelungen[2]

$\Delta\alpha'$ $= \chi_1 + \chi_2$ Krümmungswinkel der Profilskelettlinie bei Leitbeschaufelungen[2]

β Winkel der Relativströmung relativ zur Gitterfront (Umfangsrichtung)[2]

β' Winkel der Schaufelskelettlinie relativ zur Gitterfront (Umfangsrichtung) bei Laufbeschaufelungen[2]

β_S Schaufelwinkel (Staffelungswinkel) = Winkel zwischen Profilsehne und Gitterfront (Umfangsrichtung) bei Laufbeschaufelungen[2]

$\Delta\beta$ Umlenkwinkel der Strömung im Schaufelgitter bei Laufbeschaufelungen[2]

$\Delta\beta'$ $= \chi_1 + \chi_2$ Krümmungswinkel der Profilskelettlinie bei Laufbeschaufelungen[2]

δ Austrittsablenkung

ε $= \zeta_w/\zeta_a = \zeta_{w(2)}/\zeta_{a(2)}$ Gleitzahl

ζ $= H_v \Big/ \dfrac{\varrho}{2}\, w^2$ Verlustbeiwert

ζ_a Auftriebsbeiwert gebildet mit w_∞

$\zeta_{a(2)}$ Auftriebsbeiwert gebildet mit w_2

ζ_w Widerstandsbeiwert gebildet mit w_∞

$\zeta_{w(2)}$ Widerstandsbeiwert gebildet mit w_2

η Wirkungsgrad

ϑ Temperaturdifferenz in Wärmetauschern

λ Wärmeleitzahl

λ_s Beiwert zur Berechnung der Sekundärverluste

μ Dynamische Zähigkeit des Strömungsmittels

μ_* $= \dot{m}/\dot{m}_N$ in Abschn. 2.7

μ_{ax} $= c_{ax\,2}/c_{ax\,1}$ in Abschn. 3.4

ν Kinematische Zähigkeit des Strömungsmittels

ν_* $= D_i/D_a$ Nabenverhältnis

ξ_* $= u/u_N$ in Abschn. 2.7

ϱ Dichte des Strömungsmittels

φ Durchsatzzahl

φ_* Geschwindigkeitsbeiwert bei Turbinenbeschaufelungen

ψ Druckzahl

ψ_i Innenleistungszahl

ψ_e Effektivleistungszahl

χ Neigungswinkel der Profilskelettlinie relativ zur Profilsehne

χ_s Abminderungsfaktor für die Eintrittsstoßverluste

χ_* $= p(x)/p_N(x)$ in Abschn. 2.7

Indizes:

Ohne Index   Statischer Zustand[3]

A Gesamtzustand am Austritt einer Turbomaschine

E Gesamtzustand am Eintritt einer Turbomaschine

La Laufrad

Le Leitrad

N Zustand im Nennpunkt (z. B. Auslegungszustand)

T Turbine

V Verdichter

a Außen

ax Axialkomponente

g Gesamtzustand[3]

i Innen

kr Kritischer Zustand (Lavalzustand)

max   Größtwert

mi Mitte

min   Kleinstwert

p Für ein Gitter mit unendlicher Schaufelhöhe h gültige Werte

u Umfangskomponente

1 Vor Laufbeschaufelung

2 Nach Laufbeschaufelung

---

[2] Bei der Behandlung einzelner Schaufelgitter, z. B. bei der Darstellung von Gitterversuchsergebnissen werden einheitlich die Bezeichnungen w für die Geschwindigkeiten und β für die Winkel verwendet.

[3] In den Abschn. 4.1 bis 4.4 werden zur Vereinfachung der Schreibweise die Formelzeichen für die *Gesamtzustände ohne* Index geschrieben.

1. Allgemeine Grundlagen für die Kennfelder der Turbomaschinen

1.1 Einleitung

Die Grundlage für das Studium des Teillast- bzw. Regelverhaltens von Gasturbinen bildet die Kenntnis der Kennfelder der Teil-Turbomaschinen (Verdichter- und Turbinenteile), sowie des Verhaltens der übrigen (apparativen) Bestandteile der Gasturbine (Brennkammern, Wärmetauscher, Zwischenkühler usw.) für die verschiedenen Betriebszustände. Es sollen zunächst die Kennfelder der Verdichter- und Turbinenteile erarbeitet werden. Wir wollen dabei nur Teil-Turbomaschinen mit axialer Durchströmung (Axialverdichter und Axialturbinen) behandeln, da diese in den modernen Gasturbinen vorzugsweise angewandt werden. Auch ist ihr Teillastverhalten besser vorausberechenbar als das der Radialverdichter und Radialturbinen. Bei den letzteren ist man heute noch stärker darauf angewiesen, versuchsmäßig aufgenommene Kennfelder der Teil-Turbomaschinen zu benützen, die ähnlichkeitsgetreu aufgetragen wurden.

Für die Berechnung der Kennfelder von axialen Turbomaschinen erhält man im allgemeinen eine hinreichende Annäherung, wenn man die verschiedenen Strömungszustände auf den verschiedenen Schnitten (Radien) der Beschaufelung durch jene auf einem einzigen, charakteristischen Schaufelschnitt wiedergibt. Diese Methode ist in der Luftschrauben-Theorie unter dem Namen *Einschnitt-Methode* bekannt [10] und soll hier angewandt werden. Als charakteristischen Schnitt durch die Beschaufelung wählt man im allgemeinen jenen auf dem mittleren Durchmesser D_{mi} der Beschaufelung[1]. Man geht dabei von der Annahme aus, daß die auf dem mittleren Radius vorhandenen tatsächlichen Strömungszustände dem Mittelwert der Strömungszustände auf den verschiedenen Radien der Beschaufelung am ähnlichsten sein werden.

---

[1] Für den mittleren Durchmesser der Beschaufelung D_{mi} sind zwei Definitionen gebräuchlich: bei der ersten ergibt sich D_{mi} aus dem äußeren (D_a) und dem inneren (D_i) Begrenzungsdurchmesser der Beschaufelung als arithmetischer Mittelwert $(D_a + D_i)/2$. Bei der zweiten soll der Kreis mit dem Durchmesser D_{mi} die zwischen D_a und D_i gelegene Kreisringfläche halbieren. Dies ergibt $D_{mi}^2 = (D_a^2 + D_i^2)/2$. Für große Nabenverhältnisse $\nu_* = D_i/D_a$ ist der Unterschied gering, für kleine ν_* ist die zweite Definition vorzuziehen. Vgl. hierzu auch [66].

Wickelt man den zylindrischen Schnitt mit dem mittleren Radius ab, so erhält man eine gerade Reihe von Schaufelprofilen, die man ein gerades Schaufelgitter nennt. Je nachdem, ob die Strömung im Gitter verzögert oder beschleunigt wird, unterscheidet man Verzögerungs- (Verdichter-) und Beschleunigungs-(Turbinen-)Gitter. Die hier verwendeten Bezeichnungen für die Schaufelgitter und deren Durchströmung entsprechen den auf der Gittertagung 1944 in Braunschweig getroffenen Vereinbarungen [11]. Zur Vermeidung von Winkelangaben über 90° wurden jedoch die verschiedenen Gewohnheiten des Axialverdichter- und Dampfturbinenbaues für die Zählweise der Winkel beibehalten[1]. Die verwendeten allgemeinen Formelzeichen sind in Tab. 1.1/1 zusammengestellt. Nähere Einzelheiten werden jeweils im Text erklärt.

Wir wollen künftig die Verdichter- bzw. Turbinenteile kurz *Verdichter* bzw. *Turbine* und ihre Kennfelder *Verdichterkennfeld* bzw. *Turbinenkennfeld* nennen. Die gesamte Gasturbine soll zur Unterscheidung von den Turbinenteilen immer *Gasturbine* und ihr Kennfeld *Mischfeldkennfeld* genannt werden, da letzteres durch entsprechende Kombination der Kennfelder der Verdichter- und Turbinenteile der Gasturbine entsteht.

Alle Gleichungen werden in jener Form angegeben, die der Benützung des technischen Einheiten-Systems entspricht. Als Temperaturen T werden immer die absoluten Temperaturen (in °K) verwendet. Da immer (mit Ausnahme des Abschn. 4.5, vgl. Fußnote 1 S. 121) mit Massendurchsätzen $\dot{m}$ und Dichten ϱ des strömenden Mittels gerechnet wird, erscheint in den Gleichungen immer die Konstantenkombination $g \cdot R$, die als *eine* einheitliche Konstante (auf die *Masseneinheit* bezogene Gaskonstante im *technischen* Einheiten-System) zu betrachten ist.

1.2 Elemente der Gasdynamik

Wir setzen hier ein *vollkommenes Gas* voraus. Druck p, Temperatur T und Dichte ϱ desselben sind durch die Gasgleichung miteinander verknüpft:

$$\frac{p}{\varrho} = g \cdot R \cdot T \tag{1.2/1}$$

Das Gas expandiere *verlustlos* adiabat, also *isentrop* von einem Gesamt- (oder Ruhe-) Zustand (Index g) auf einen statischen Zustand (ohne Index)[2]. Nach DE SAINT-VENANT und WANTZEL erhält es dabei die Geschwindigkeit:

---

[1] Es wurde in Kauf genommen, daß sich damit die Umfangsleistung für Verdichter aus der Differenz, für Turbinen jedoch aus der Summe der Umfangskomponenten der absoluten Strömungsgeschwindigkeiten vor und hinter der Laufbeschaufelung berechnet.

[2] Das Expansionsdruckverhältnis p/p_g werde mit Π bezeichnet.

$$w = \sqrt{ \frac{2 \cdot k}{k-1} \cdot g \cdot R \cdot T_g \cdot \left[1 - \left(\frac{p}{p_g} \right)^{\frac{k-1}{k}} \right] }$$
$$= \sqrt{ \frac{2 \cdot k}{k-1} \cdot g \cdot R \cdot T_g \cdot \left[1 - \Pi^{\frac{k-1}{k}} \right] } \qquad (1.2/2)$$

Bezieht man diese Geschwindigkeit auf die Schallgeschwindigkeit $a_g = \sqrt{k \cdot g \cdot R \cdot T_g}$ des Gesamtzustandes, so erhält man als dimensionslose Ähnlichkeitskennziffer die MACH-Zahl $M_{(o)}$:

$$M_{(o)} = \frac{w}{a_g} = \sqrt{ \frac{2}{k-1} \cdot \left[1 - \Pi^{\frac{k-1}{k}} \right] } \qquad (1.2/3)$$

Beim Gegendruck $p = 0$ nimmt diese einen endlichen Maximalwert an:

$$M_{(o)\,\mathrm{max}} = \sqrt{ \frac{2}{k-1} } \qquad (1.2/4)$$

Für die in der Zeiteinheit durch einen Querschnitt F strömende Masse erhält man nach der Kontinuitätsgleichung den Wert $F \cdot \varrho \cdot w$. Die hierin enthaltene Stromdichte $\varrho \cdot w$ ergibt sich wegen der Isentropengleichung $\varrho / \varrho_g = (p/p_g)^{1/k}$ zu:

$$\varrho \cdot w = \varrho_g \cdot \Pi^{1/k} \cdot a_g \cdot M_{(o)} \qquad (1.2/5)$$

Bezugnahme auf ϱ_g und a_g ergibt als ähnlichkeitsgetreuen Wert die dimensionslose Stromdichte:

$$\Theta = \frac{\varrho \cdot w}{\varrho_g \cdot a_g} = \Pi^{1/k} \cdot \sqrt{ \frac{2}{k-1} \cdot \left[1 - \Pi^{\frac{k-1}{k}} \right] } \qquad (1.2/6)$$

Diese Größe erreicht beim sogenannten kritischen Druckverhältnis (Laval-Druckverhältnis):

$$\frac{p_{kr}}{p_g} = \Pi_{kr} = \left(\frac{2}{k+1} \right)^{\frac{k}{k-1}} \qquad (1.2/7)$$

den Maximalwert:

$$\Theta_{\mathrm{max}} = \left(\frac{2}{k+1} \right)^{\frac{k+1}{2 \cdot (k-1)}} \qquad (1.2/8)$$

Um den kritischen Wert der Stromdichte besonders hervorzuheben, wird häufig [33] statt mit Θ nach Gl. (1.2/6) mit einer anders definierten dimensionslosen Stromdichte Θ_* gearbeitet:

$$\Theta_* = \frac{\Theta}{\Theta_{\mathrm{max}}} = \frac{\varrho \cdot w}{\varrho_{kr} \cdot a_{kr}}$$
$$= \left(\frac{k+1}{2} \right)^{\frac{k+1}{2 \cdot (k-1)}} \cdot \Pi^{1/k} \cdot \sqrt{ \frac{2}{k-1} \cdot \left[1 - \Pi^{\frac{k-1}{k}} \right] } \qquad (1.2/9)$$

1*

Durch Bezugnahme auf die kritischen Werte $\varrho_{kr} = \varrho_g \cdot \Pi_{kr}^{1/k} =$
$\varrho_g \cdot \left(\dfrac{2}{k+1}\right)^{\frac{1}{k-1}}$ und $a_{kr} = a_g \cdot \Pi_{kr}^{\frac{k-1}{2 \cdot k}} = a_g \cdot \sqrt{\dfrac{2}{k+1}}$ erreicht diese Größe Θ_*

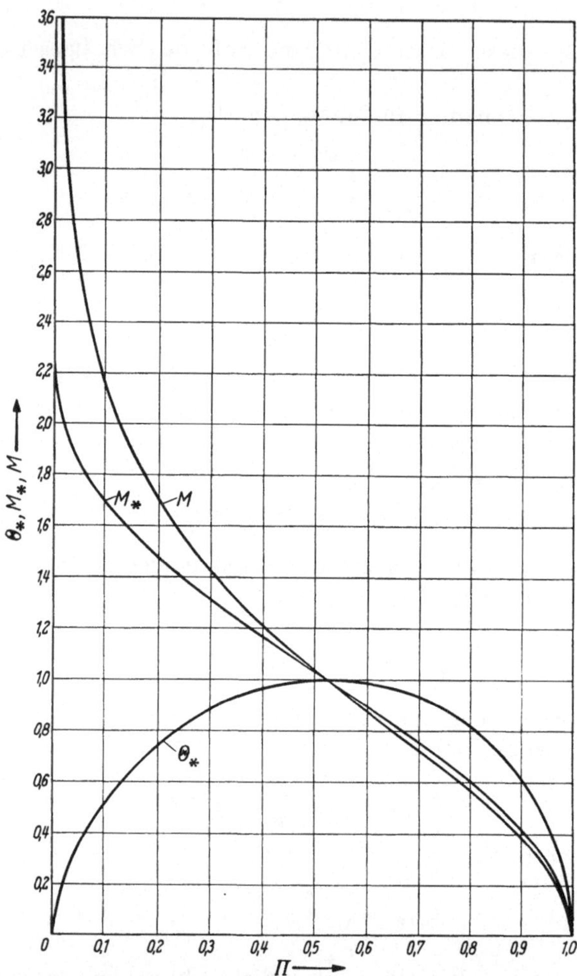

Abb. 1. Gasdynamische Kennzahlen in Abhängigkeit vom Expansionsdruckverhältnis $\Pi = p/p_g$

beim kritischen Druckverhältnis den Wert Eins. Entsprechend ersetzt
man $M_{(o)}$ durch die MACH-Zahl M_*:

$$M_* = \frac{w}{a_{kr}} = \sqrt{\frac{k+1}{k-1} \cdot \left[1 - \Pi^{\frac{k-1}{k}}\right]} \tag{1.2/10}$$

die im Gegensatz zu $M_{(o)}$ für den kritischen Zustand ebenfalls den Wert Eins durchläuft.

Eine weitere, häufig benötigte MACH-Zahl bezieht die Geschwindigkeit w auf die nach der Expansion vorhandene Schallgeschwindigkeit a des statischen Zustandes:

$$a = a_g \cdot \Pi^{\frac{k-1}{2 \cdot k}} \qquad (1.2/11)$$

Für diese MACH-Zahl erhält man:

$$M = \frac{w}{a} = \sqrt{\frac{2}{k-1} \cdot \left[\left(\frac{1}{\Pi}\right)^{\frac{k-1}{k}} - 1\right]} \qquad (1.2/12)$$

Abb. 1 zeigt M_*, M und Θ_* in Abhängigkeit von $\Pi = p/p_g$ für $k = 1{,}4$ (z. B. für Luft bei etwa Raumtemperatur).

Die *verlustbehaftete* Strömung kompressibler Mittel wird in Abschn. 3.2 behandelt.

1.3 Anwendung der Ähnlichkeitsgesetze auf die Turbomaschinen-Kennfelder

Der Arbeitszustand einer Turbomaschine kann in verschiedener Weise geändert werden. Man kann z. B. den Druck oder die Temperatur der Gase am Turbomaschinen-Eintritt ändern. Man kann aber auch den Gegendruck der Turbomaschine oder deren Drehzahl verändern. Die weitere Möglichkeit, das durch die Turbomaschine strömende Mittel zu wechseln, also die thermischen Daten desselben zu ändern, wollen wir außer acht lassen und immer Luft bzw. ein luftähnliches Gas (stark verdünnte Verbrennungsgase) annehmen. Dabei sei bemerkt, daß sich auch bei ein und demselben Mittel gewisse thermische Daten in Abhängigkeit von der Temperatur ändern. Bei den Verbrennungsgasen kommt noch die Abhängigkeit von der Luftüberschußzahl der Verbrennung hinzu, die jedoch bei den hohen Luftüberschüssen in den Gasturbinen meist vernachlässigt werden kann. Im weiteren werden diese Abhängigkeiten vor allem für den Isentropenexponenten k und die Zähigkeit des strömenden Mittels eine Rolle spielen. Wir werden die Temperaturabhängigkeit des Isentropenexponenten dadurch angenähert berücksichtigen, daß wir für Verdichter- und Turbinenteil verschiedene Werte einsetzen, die jeweils einem Mittelwert der in der betreffenden Teilmaschine der Gasturbine auftretenden Temperaturen entsprechen. Bei Änderungen des Betriebszustandes einer Teilmaschine werden wir den einmal festgelegten k-Wert unverändert beibehalten. Die Beeinträchtigung der Genauigkeit der gerechneten Teillastzustände[1] hierdurch ist gering. Da die gerech-

---

[1] Wir wollen hier allgemein alle vom Nennlastzustand abweichenden Laufzustände der Turbomaschinen als Teillastzustände bezeichnen, gleichgültig ob sie Leistungen entsprechen, die unter oder über der Nennlast liegen.

neten Teillastwerte einer Turbomaschine allgemein als unsicherer anzusehen sind als die Nennlastwerte, kann diese Vernachlässigung unbedenklich geschehen.

Die Ähnlichkeitstheorie gestattet nun, die verschiedenen Änderungsmöglichkeiten des Laufzustandes einer Turbomaschine so zu gruppieren, daß nur eine beschränkte Anzahl von unabhängigen Veränderlichen (Ähnlichkeitskenngrößen) berücksichtigt werden muß. Dabei ist zu beachten, daß nicht das strömende Mittel an sich, sondern nur jeweils gewisse thermische Daten desselben eingehen. Je genauer man die Betrachtung durchführt, desto mehr Daten des strömenden Mittels und der durchströmten Turbomaschine muß man erfassen. Damit steigt auch die Zahl der zu berücksichtigenden unabhängigen Veränderlichen (Ähnlichkeitskenngrößen).

Bei den bekannten Verdichterkennfeldern berücksichtigt man ähnlich wie im Wasserturbinenbau nur zwei Ähnlichkeitskenngrößen als unabhängige Veränderliche, normalerweise das Verhältnis einer (tatsächlichen oder virtuellen) Strömungsgeschwindigkeit zu einer Umfangsgeschwindigkeit (z. B. die Durchsatzkennziffer φ), das die Ähnlichkeit der Geschwindigkeitsdreiecke gewährleistet, und eine MACH-Zahl (z. B. jene einer charakteristischen Umfangsgeschwindigkeit M_u). Der Wasserturbinenbau beachtete als erster, daß die Reibungsverluste in einer Turbomaschine von einer REYNOLDS-Zahl abhängen, und daher diese als weitere Ähnlichkeitskenngröße zu berücksichtigen ist. Es geschieht dies dort durch die sogenannten Aufwertungsformeln. Diese werden bei der Umrechnung der Wirkungsgrade von Modellturbinen auf die Großausführung benutzt und überbrücken den REYNOLDS-Zahlen-Unterschied der beiden Ausführungen. Bei den üblichen Verdichterkennfeldern wird der REYNOLDS-Zahleneinfluß nicht explizite beachtet. Da jedoch die Verdichter, zumindest bei Förderung von Luft und luftähnlichen Gasen, meist bei normalem Atmosphärenzustand ansaugen, tritt bei diesen Verdichtern der REYNOLDS-Zahleneinfluß nicht getrennt in Erscheinung. Die REYNOLDS-Zahlen für die einzelnen Beschaufelungen ändern sich dann nur in Abhängigkeit von Drehzahl und Durchsatz und diese Änderungen sind daher für diesen Sonderfall im üblichen, aus Versuchen erhaltenen Kennfeld bereits enthalten.

1.4 Die Darstellungsformen für Turbomaschinen-Kennfelder bei Außerachtlassung des Reynoldsschen Ähnlichkeitsgesetzes

Die wesentlichsten Werte für die Festlegung des Betriebszustandes einer Turbomaschine sind ihre Durchsatzmenge, ihre Drehzahl, die an sie angelegte isentrope Enthalpiedifferenz[1] und die von ihr aufgenom-

---

[1] Isentrope Förderhöhe beim Verdichterteil bzw. isentropes Gefälle beim Turbinenteil.

mene bzw. abgegebene Wellenleistung. Im allgemeinen wird dabei nur entweder die isentrope Enthalpiedifferenz oder die Leistung und anstelle des zweiten dieser Werte der Wirkungsgrad der Maschine angegeben.

Unter Berücksichtigung des MACHschen Ähnlichkeitsgesetzes und des Gesetzes über die Ähnlichkeit zwischen Umfangs- und Gasgeschwindigkeiten kann man die vier genannten Hauptdaten entsprechend Tab. 1.4/1 darstellen. Dabei sind jeweils zwei dieser Kennwerte als unabhängige Veränderliche zu betrachten (vorzugsweise jene für Enthalpiedifferenz und Drehzahl)[1].

Von den angegebenen Darstellungsarten für Turbomaschinen-Kennfelder sind I A und II B im Verdichterbau üblich. Die Darstellungsart IV B stammt von SÖRENSEN [*12*] und wurde von diesem für Dampfturbinen aus den Einheitsdiagramm-Darstellungen des Wasserturbinenbaues abgeleitet. Die unter III genannte Darstellung hat für Turbinenkennfelder den Vorteil, daß die hierbei auftretende Kennzahl u/c_0 als Schnellaufzahl im Dampfturbinenbau seit langem verwendet wird. Außerdem entspricht die Durchsatzkennzahl c_{axE}/c_0 dem Wesen der Turbinen insoweit gut, als der Durchsatz einer Turbine vor allem durch das an die Turbine angelegte Gefälle bestimmt wird. Ersetzt man in der Darstellungsart III B die Gefällekennziffer durch den Wert $\dot{V}_E/\dot{V}_A$, so kommt man praktisch zu der Darstellung von SÖRENSEN. Diese hat, wie SÖRENSEN zeigte, den Vorteil, daß man bei Vorhandensein solcher Kennfelder für die Einzelstufen diese einfach aneinander anschließen und zu einem Kennfeld einer mehrstufigen Turbomaschine zusammenbauen kann. Dabei wird allerdings stillschweigend angenommen, daß die Richtung der aus der vorhergehenden Stufe austretenden Strömung die Strömungsverhältnisse in der folgenden Stufe nicht beeinflußt, was zweifellos oft eine zu weit gehende Vernachlässigung ist[2]. Wird diese Vernachlässigung nicht gemacht, so hat die indirekte Darstellungsweise der Gefälle entsprechend dem Vorschlag von SÖRENSEN keine Vorteile mehr.

Darstellung V wurde vom Verfasser für die Turbinenteile von Gasturbinen angegeben. Sie gestattet für Turbostrahltriebwerke, Gasturbinen mit unabhängiger Nutzleistungsturbine u. ä. eine einfache Be-

---

[1] Eigentlich kommt als dritte unabhängige Veränderliche noch die Richtung, mit der das strömende Mittel in die Turbomaschine eintritt, hinzu. In der Regel kann jedoch die Zuströmrichtung als unveränderlich angenommen werden (Zuströmung parallel zur Turbomaschinenachse), so daß diese dritte unabhängige Veränderliche entfällt.

[2] Für die Einzelstufen einer Turbomaschine ist die Zuströmrichtung durch die variable Abströmrichtung der vorhergehenden Stufe bestimmt. Sie tritt daher für die Einzelstufe auch dann als dritte unabhängige Veränderliche auf, wenn für die gesamte Turbomaschine entsprechend dem in Fußnote 1 erwähnten mit unveränderlicher Zuströmrichtung zur gesamten Turbomaschine gerechnet werden kann.

Tabelle 1.4/1. *Ähnlichkeitsgetreue Darstellung der Veränderlichen in Turbomaschinen-kennfeldern*

Darstellung	A. Dimensionslose Kennwerte				B. Dimensionsbehaftete Kennwerte			
	Durchsatz	Enthalpiedifferenz	Drehzahl	Wirkungs-grad	Durchsatz	Enthal-piedif-ferenz	Dreh-zahl	Wirkungs-grad
I	$\varphi = \dfrac{c_{axE}}{u}$	$\psi = \dfrac{2 \cdot g \cdot H_{ad}}{u^2}$	$M_u = \dfrac{u}{a_E}$	η	$\dfrac{\dot{V}_E}{n}$	$\dfrac{H_{ad}}{n^2}$	$\dfrac{n}{\sqrt{T_E}}$	η
II	$\dfrac{c_{axE}}{a_E}$	$\dfrac{c_0}{a_E}$ oder $\dfrac{2 \cdot g \cdot H_{ad}}{a_E^2}$	M_u	η	$\dfrac{\dot{V}_E}{\sqrt{T_E}}$	$\dfrac{H_{ad}}{T_E}$	$\dfrac{n}{\sqrt{T_E}}$	η
III	$\dfrac{c_{axE}}{c_0}$	$\dfrac{c_0}{a_E}$ oder $\dfrac{2 \cdot g \cdot H_{ad}}{a_E^2}$	$\dfrac{u}{c_0}$	η	$\dfrac{\dot{V}_E}{\sqrt{H_{ad}}}$	$\dfrac{H_{ad}}{T_E}$	$\dfrac{n}{\sqrt{H_{ad}}}$	η
IV	–	–	–	–	$\dfrac{\dot{V}_E}{D^2 \cdot \sqrt{H_{ad}}}$	$\dfrac{\dot{V}_E}{\dot{V}_A}$	$\dfrac{n \cdot D}{\sqrt{H_{ad}}}$	η
V	$\varphi \cdot M_u^2$	$\psi_e = \dfrac{2 \cdot g \cdot H_e}{u^2}$	M_u	η	$\dfrac{\dot{V}_E}{\sqrt{T_E}} \cdot \dfrac{n}{\sqrt{T_E}}$	$\dfrac{H_e}{n^2}$	$\dfrac{n}{\sqrt{T_E}}$	η

D Bezugsdurchmesser (meist der mittlere Durchmesser am Eintritt der Turbo-maschine)

F_E Bezugsdurchtrittsfläche (meist freie Ringfläche am Eintritt der Turbo-maschine)

H_{ad} Isentrope Enthalpiedifferenz (meist zwischen den Gesamtdrücken vor und hinter Turbomaschine)

H_e Der effektiven Leistung (Wellenleistung) der Turbomaschine entsprechende Enthalpiedifferenz

M_u $= u/a_E$ MACH-Zahl der Bezugsumfangsgeschwindigkeit

T_E Gesamttemperatur am Eintritt der Turbomaschine (Bezugstemperatur)

$\dot{V}_E$ Volumendurchsatz der Turbomaschine bezogen auf den Gesamtzustand vor der Turbomaschine

$\dot{V}_A$ Volumendurchsatz der Turbomaschine bezogen auf den Zustand hinter der Turbomaschine

a_E Die zu T_E gehörige Schallgeschwindigkeit

c_0 $= \sqrt{2 \cdot g \cdot H_{ad}}$ der isentropen Enthalpiedifferenz H_{ad} entsprechende Ideal-geschwindigkeit

c_{axE} $= \dot{V}_E/F_E$ Axialkomponente der Geschwindigkeit am Eintritt in die Turbo-maschine

g Erdbeschleunigung

φ Durchsatzzahl

ψ Druckzahl

ψ_e Effektivleistungszahl

η Wirkungsgrad der Turbomaschine bezogen auf die isentrope Enthalpie-differenz

Die im Verdichterbau verwendete Druckzahl hängt mit der im Turbinenbau verwendeten Schnellaufzahl durch $\psi = (u/c_0)^{-2}$ zusammen. Für die im Verdichterbau eingeführte Drosselzahl σ erhält man $\sigma = (c_{axE}/c_0)^2$. Die Einheitsdrehzahl $n_1' = n \cdot D/\sqrt{H}$ des Wasserturbinenbaues entspricht der Schnellaufzahl u/c_0, das Einheitsdurchflußvolumen $\dot{V}_1' = \dot{V}/D^2 \cdot \sqrt{H}$ der Durchsatzkennzahl c_{axE}/c_0. Die Kennzahl H_{ad}/T_E kann durch das Druckverhältnis p_A/p_E ersetzt werden.

rechnung des Kennfeldes des Gaserzeugers derselben aus den Kennfeldern von Verdichter- und Turbinenteil (vgl. Abschn. 4.2). Die hierbei auftretende Effektivleistungszahl ψ_e ist wesentlich günstiger als die Druckzahl ψ bzw. die Schnellaufzahl u/c_0. Dividiert man nämlich die Effektivleistungszahl ψ_e durch den mechanischen Wirkungsgrad η_m, so erhält man die Innenleistungszahl ψ_i. Diese hängt aber, wie TRAUPEL [13] zeigte, infolge der EULERschen Grundgleichung direkt mit der Änderung der Umfangskomponenten der Strömungsgeschwindigkeiten im Laufrad zusammen. Da die Durchsatzzahl φ ebenfalls in direkter Beziehung zu den Geschwindigkeitsdreiecken steht, ist es vorteilhaft, durch Benutzung von ψ_e bzw. ψ_i auch die zweite unabhängige Veränderliche des Turbomaschinenkennfeldes mit den Geschwindigkeitsdreiecken in Zusammenhang zu bringen [14].

Die dimensionsbehafteten Kennwerte der Tab. 1.4/1 haben den Vorteil, daß für ihre Berechnung die Abmessungen der betreffenden Turbomaschine (z. B. die Bezugsdurchtrittsfläche für die Berechnung von c_{axE}) nicht benötigt werden. Nachteilig sind dagegen die unhandlichen Maßeinheiten dieser Kenngrößen $\left(\text{z. B. } \mathrm{m}^3/\mathrm{s} \cdot \sqrt{°\mathrm{K}} \text{ für } \dot{V}_E/\sqrt{T_E}\right)$. Dies kann jedoch vermieden werden, indem man T_E in allen Kennwerten durch das dimensionslose Verhältnis T_E/T_{EN} (und entsprechend für die übrigen Werte p_E, ϱ_E usw.) ersetzt, wobei T_{EN} ein Normalwert von T_E ist (z. B. für die Ansaugtemperatur des Verdichters 288 °K = 15 °C). Dies legt dann nahe, auch die anderen Werte durch Bezugnahme auf ihre Normalwerte dimensionslos zu machen. Für das Durchsatzvolumen z. B. ergibt das dann den dimensionslosen Wert $\left(\dot{V}_E/\dot{V}_{EN}\right)/\sqrt{T_E/T_{EN}}$ $= \left(\dot{V}_E/\sqrt{T_E}\right)/\left(\dot{V}_{EN}/\sqrt{T_{EN}}\right)$.

1.5 Gleichzeitige Berücksichtigung von Mach- und Reynoldszahleneinfluß

Will man auch das REYNOLDSsche Ähnlichkeitsgesetz berücksichtigen, so tritt zu den bisher vorhandenen zwei unabhängigen Veränderlichen des Turbomaschinen-Kennfeldes eine REYNOLDS-Zahl als dritte hinzu. Um diese günstig zu definieren, betrachten wir als Beispiel die Verluste in einem einzelnen Turbinenschaufelkranz. Wir bezeichnen hierbei mit Index g_1 den Gesamtzustand vor dem Kranz, mit Index 1 den statischen Zustand vor dem Kranz und mit Index 2 den statischen Zustand hinter dem Kranz. Die Durchströmung des Kranzes soll verlustbehaftet, jedoch ohne äußere Wärmezu- oder Abfuhr vor sich gehen und im folgenden kurz als *verlustbehaftete Strömung* bezeichnet werden. Die Größe der Verluste werde, wie im Turbinenbau üblich, durch den Geschwindigkeitsbeiwert φ_* bzw. den Verlustbeiwert $\zeta = (1 - \varphi_*^2)/\varphi_*^2$ gemessen[1]. Der Geschwindigkeitsbeiwert φ_* ist das Verhältnis der Austrittsgeschwindigkeit w_2 aus dem Schaufelkranz bei verlustbehafteter Strömung zu jener bei isentroper Expansion $w_{2\,ad}$. Der Verlustbeiwert $\zeta = H_v/(w_2^2/2\,g)$ gibt die Größe der Strömungsverluste im Vergleich zur kinetischen Energie am Kranzaustritt an ($H_v =$ den Strömungsverlusten im Schaufelgitter entsprechende Enthalpiedifferenz, $w_2^2/2\,g =$ Geschwindigkeitshöhe am Gitteraustritt). Er ähnelt dem Verlustbeiwert, wie er bei der Berechnung der Rohrreibung benutzt wird. Der Zusammenhang dieser Verlustziffern mit dem im Flugzeug- und Verdichterbau benutzten Widerstandsbeiwert ζ_w wird mit geringen Vernachlässigungen durch $\xi_w \cdot l/t = \dfrac{1 - \varphi_*^2}{\varphi_*^2} \cdot \left(\dfrac{w_2}{w_\infty}\right)^2 \cdot \sin \beta_\infty = \zeta \cdot \left(\dfrac{w_2}{w_\infty}\right)^2 \cdot \sin \beta_\infty$ hergestellt (für die Bezeichnungen vgl. Abb. 39). Da die Richtung der Auftriebskraft bei kompressiblen Mitteln von der Normalen zur Richtung β_∞ der mittleren Anströmgeschwindigkeit w_∞ des Gitters etwas abweicht, sind die Vernachlässigungen in diesem Falle größer als für inkompressible Mittel.

Für ein bestimmtes Schaufelgitter hängt der Geschwindigkeitsbeiwert φ_* (bzw. der Verlustbeiwert ζ) vom Zuströmwinkel β_1 zum Gitter, einer MACH-Zahl und einer REYNOLDS-Zahl ab:

$$\varphi_* = \varphi_*(\beta_1,\, M,\, Re) \qquad (1.5/1)$$

Als MACH-Zahl M wählt man am besten die von den Strömungsverlusten unabhängige MACH-Zahl, die sich bei isentroper Strömung am Kranzaustritt bei dem an ihn angelegten Druckverhältnis $\Pi = p_2/p_{g1}$ einstellen würde:

$$M_{(o)\,ad\,2} = \frac{w_{2\,ad}}{a_{g1}} = \frac{w_2/\varphi_*}{a_{g1}} = \sqrt{\frac{2}{k-1} \cdot \left[1 - \Pi^{\frac{k-1}{k}}\right]} \qquad (1.5/2)$$

Man erkennt, daß dies gleichbedeutend ist mit der Wahl des an den Kranz angelegten Druckverhältnisses Π als unabhängige Veränderliche. Als REYNOLDS-Zahl hat sich:

$$Re = \frac{w_2 \cdot l}{\nu_2} = \frac{\varrho_2 \cdot w_2 \cdot l}{\mu_2} \qquad (1.5/3)$$

als physikalisch am besten kennzeichnend erwiesen. Sie enthält als charakteristische Länge die Sehnenlänge l der Schaufeln. Die Strömung durch eine Beschaufelung entspricht nämlich der Strömung längs einer

---

[1] Die Bezeichnung φ_* wird im Dampfturbinenbau in der Regel nur für Leiträder benutzt, bei Laufrädern wird der Geschwindigkeitsbeiwert mit ψ_* bezeichnet. Wir verwenden einheitlich die Bezeichnung φ_* und fügen dieser zur Unterscheidung von Leit- und Laufrad die Indizes Le und La an.

ebenen Platte bzw. der Einlaufströmung in ein Rohr, wo die Länge des zurückgelegten Strömungsweges die Verhältnisse in der Grenzschicht bestimmt. Nur bei ausgebildeter Rohrströmung, also in großem Abstand vom Einlauf, ist für die Strömungsausbildung und damit für die kennzeichnende REYNOLDS-Zahl der Rohrdurchmesser maßgebend. Der äquivalente Durchmesser $d_ä = 4 \cdot F_2/U_2$ ($F_2 =$ Austrittsfläche der Beschaufelung senkrecht zur Abströmrichtung, $U_2 = 2 \cdot (A_{min} + h) =$ benetzter Umfang an dieser Stelle), der in einigen älteren Veröffentlichungen benutzt wurde, entspricht also nicht dem Wesen der verlustbehafteten Strömung durch Schaufelgitter.

Diese physikalisch sinnvolle REYNOLDS-Zahl hat den Nachteil, daß sie über die Strömungsgeschwindigkeit w_2 mit der MACH-Zahl $M_{(o) \, ad\, 2}$ gekoppelt ist. Für die Kennfelder ist es daher günstiger, die obige REYNOLDS-Zahl durch:

$$Re' = \frac{a_{g\,1} \cdot l}{\nu_{g\,1}} = \frac{\varrho_{g\,1} \cdot a_{g\,1} \cdot l}{\mu_{g\,1}} \tag{1.5/4}$$

zu ersetzen. Dann gilt offenbar:

$$Re = Re' \cdot Re'' \tag{1.5/5}$$

mit

$$Re'' = \varphi_* \cdot \frac{\nu_{g\,1}}{\nu_2} \cdot M_{(o) \, ad\, 2} = \frac{\mu_{g\,1}}{\mu_2} \cdot \Theta_2 \tag{1.5/6}$$

wobei Θ_2 die dimensionslose Stromdichte der verlustbehafteten Strömung am Beschaufelungsaustritt ist (vgl. Abschn. 3.2.1). Da das Verhältnis der Zähigkeiten $\mu_2/\mu_{g\,1}$ im wesentlichen [vgl. Gl. (4.5/10)] eine Funktion des Temperatur- bzw. Schallgeschwindigkeitsverhältnisses $T_{2\,ad}/T_{g\,1} = (a_{2\,ad}/a_{g\,1})^2 = \Pi^{\frac{k-1}{k}}$ bei isentroper Expansion und damit wegen Gl. (1.5/2) eine Funktion von $M_{(o) \, ad\, 2}$ (bzw. Π) ist, ist auch Re'' praktisch eine Funktion nur von $M_{(o) \, ad\, 2}$ (bzw. Π). Die Abhängigkeit der Verluste von der REYNOLDS-Zahl Re wird durch diese Umformung in eine solche von der REYNOLDS-Zahl Re' und eine solche von der MACH-zahl $M_{(o) \, ad\, 2}$ (bzw. dem Druckverhältnis Π) zerlegt. Re' ist dabei nur vom Gesamtzustand des strömenden Mittels vor dem Kranz abhängig. Ändert man die MACH-Zahl $M_{(o) \, ad\, 2}$ (bzw. Π) bei konstant gehaltenem Re', wie dies in Gitterwindkanälen oft annähernd der Fall ist, so ist die dann erhaltene Abhängigkeit des Geschwindigkeitsbeiwertes φ_* nur teilweise auf einen echten MACH-Zahleinfluß zurückzuführen. Der Rest ist eine Folge der sich gleichzeitig mit der MACH-Zahl ändernden REYNOLDS-Zahl Re''.

Wird die Abhängigkeit der Strömungsverluste von der REYNOLDS-Zahl Re durch ein Potenzgesetz beschrieben, dann kann diese in einen nur von Re' und einen nur von $M_{(o) \, ad\, 2}$ (bzw. Π) abhängigen Anteil aufgespalten werden, solange man im betrachteten Teillastbereich immer oberhalb bzw. immer unterhalb der kritischen REYNOLDS-Zahl (vgl. Abb. 67) bleibt.

Für die gesamte Turbomaschine wird man entsprechend eine REYNOLDS-Zahl Re'_E bezogen auf den Gesamtzustand des strömenden Mittels am Eintritt der Turbomaschine verwenden.

In obiger Betrachtung wurden REYNOLDS- und MACH-Zahl mit der *Abström*geschwindigkeit w_2 vom Gitter gebildet, wie dies bei Beschleunigungsgittern (Turbinengittern) üblich ist (vgl. Abschn. 3). Bei Verzögerungsgittern (Verdichtergittern) bildet man hingegen in der Regel die REYNOLDS- und MACH-Zahl mit der *Zuström*geschwindigkeit w_1. Die hier dargelegten Gedankengänge werden hierdurch nicht beeinflußt.

Bei der Behandlung der Turbomaschinen-Kennfelder in den folgenden Abschnitten werden wir den Einfluß von Re' nicht berücksichtigen, da er im Bereich der überkritischen REYNOLDS-Zahlen und bei den Genauigkeiten, mit denen heute Teillastuntersuchungen von Gasturbinen durchgeführt werden, im allgemeinen nicht wesentlich in Erscheinung tritt. Durch diese Vernachlässigung werden die Rechenverfahren entscheidend vereinfacht. Der Einfluß von Re'' muß dagegen beachtet werden, da er die Form der Turbomaschinen-Kennfelder (vor allem der Wirkungsgradlinien) im Bereich der unterkritischen MACH-Zahlen wesentlich beeinflußt.

2. Das Teillastverhalten des Verdichterteiles

2.1 Einleitung

Um zunächst einen Überblick zu geben, zeigt Abb. 2 das (gerechnete) Kennfeld eines zwölfstufigen Axialverdichters. Für Abszisse, Ordinate und Parameterwert dieses Kennfeldes wurden Kennzahlen gewählt, die das MACHsche Ähnlichkeitsgesetz berücksichtigen[1]. Man kann das Verdichterkennfeld aber auch mit Hilfe der Druckzahl ψ und der Durchsatzzahl φ darstellen (Abb. 3). Die Kurven für die verschiedenen Umfangs-MACH-Zahlen $\left(\text{Drehzahlen } n/\sqrt{T_E}\right)$ fallen hier nicht zusammen, wie man dies im Kreiselpumpenbau (bei Vernachlässigung des Einflusses der REYNOLDS-Zahl) gewohnt ist. Bei den Kreiselpumpen ist nämlich der Volumendurchsatz einer hinteren Stufe allein durch den Durchsatz der gesamten Pumpe, also dem der ersten Stufe, gegeben. Bei den Kreiselverdichtern verändert sich jedoch das Durchsatzvolumen außerdem von Stufe zu Stufe durch die in den einzelnen Stufen stattfindende Verdichtung. Ändert man nun das Durchsatzvolumen der ersten Stufe, so ändert sich auch deren Verdichtung. Das Durchsatzvolumen der späteren

---

[1] Entsprechend dem eben Gesagten gilt das Kennfeld genau genommen nur für ein bestimmtes Re'_E.

Stufen wird also zusätzlich durch die Verdichtung in allen vorhergehenden Stufen beeinflußt. Die ψ-φ-Darstellung von Verdichterkennfeldern läßt die eben genannten Einflüsse besonders klar erkennen und überwachen.

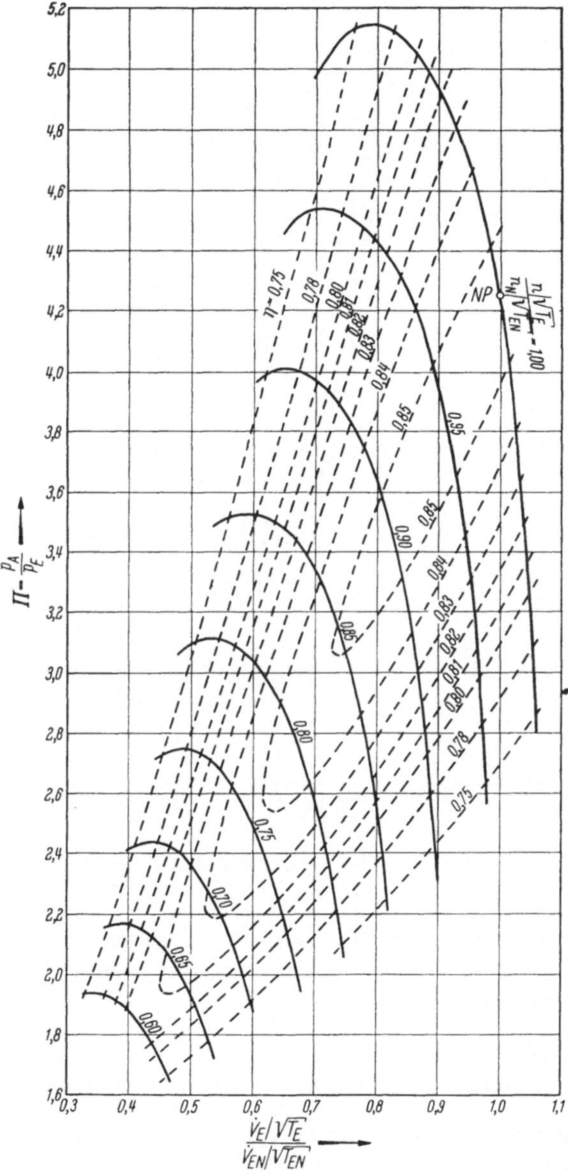

Abb. 2. Kennfeld eines zwölfstufigen Axialverdichters (aus gemessenen Stufenkennlinien gerechnet)

Die Berechnung des Kennfeldes eines mehrstufigen Verdichters geht
so vor sich, daß man zunächst die Kennlinien der Einzelstufen bestimmt,

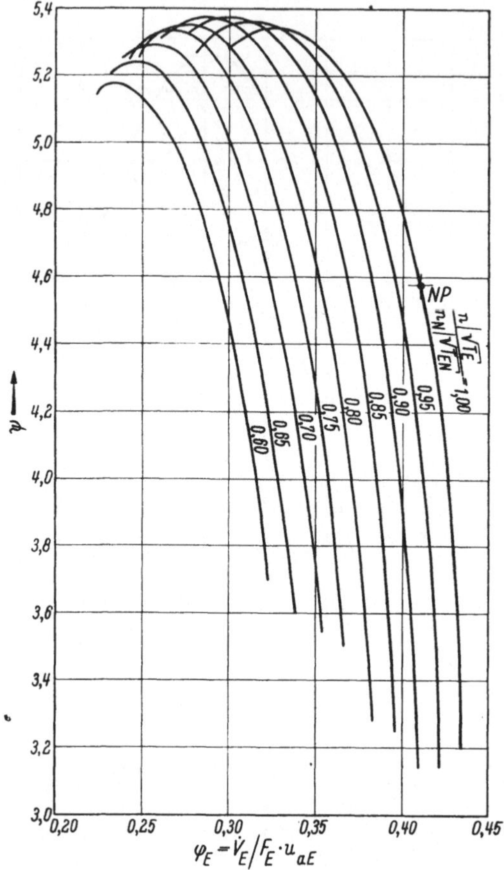

Abb. 3. ψ-φ-Darstellung des Verdichterkennfeldes von Abb. 2

um diese dann zu dem Kennfeld des Gesamtverdichters zusammenzu-
setzen. Wir befassen uns daher zunächst mit den Kennlinien einer einzelnen Verdichterstufe.

2.2 Die Kennlinien der geraden Verdichter-Schaufelgitter

Für die Berechnung der Kennlinien von Verdichterstufen bzw. mehrstufigen Verdichtern benötigen wir Unterlagen über das Verhalten der
Verdichter-Schaufelgitter im Nennlastpunkt und insbesondere bei Ab-

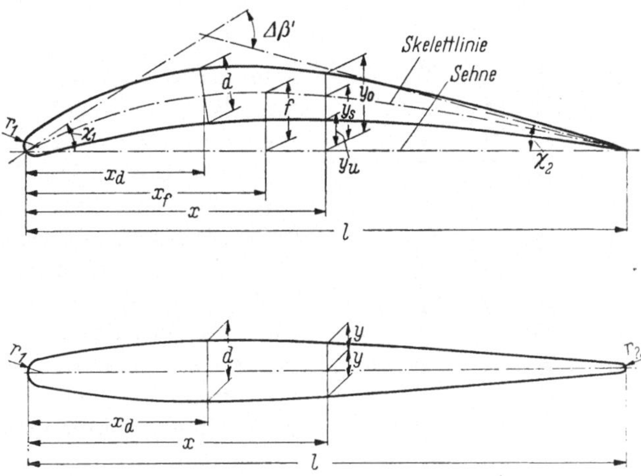

Abb. 4. Bezeichnungen für Schaufelprofile [23]

x = Abszisse; y = Ordinate der Dickenverteilung; y_s = Ordinate der Skelettlinie; l = Sehnenlänge; f = Wölbungspfeil; x_f = Wölbungsrücklage; d = größte Profildicke; x_d = Dickenrücklage; r_1 = Eintrittskantenradius; r_2 = Hinterkantenradius; χ_1 = Skelettlinieneintrittswinkel; χ_2 = Skelettlinienaustrittswinkel; $\varDelta \beta'$ = Krümmungswinkel = $\chi_1 + \chi_2$; bei den schwach unsymmetrischen Grundprofilen der Tab. 2.2/1 werden die Ordinaten der Profiloberseite mit y_0 und die der Profilunterseite mit y_u bezeichnet

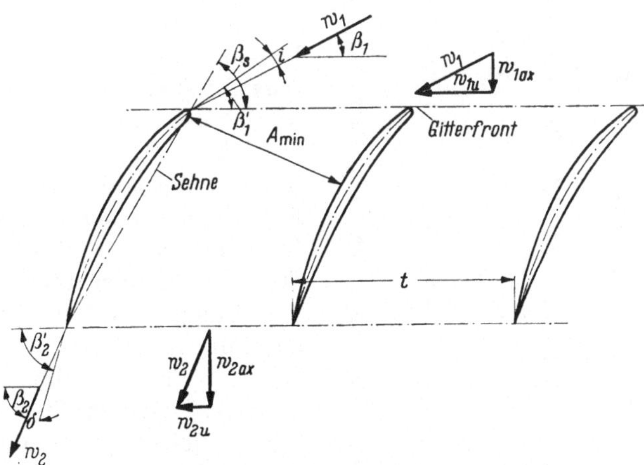

Abb. 5. Bezeichnungen für Verzögerungsgitter [23]

t = Teilung; β_s = Schaufelwinkel (Staffelungswinkel); β'_1 = Schaufeleintrittswinkel = $\beta_s - \chi_1$; β'_2 = Schaufelaustrittswinkel = $\beta_s + \chi_2$; β_1 = Zuströmwinkel; β_2 = Abströmwinkel; i = Zuströmwinkel relativ zur Skelettlinieneintrittstangente = $\beta'_1 - \beta_1$; δ = Austrittsablenkung = $\beta'_2 - \beta_2$; $\varDelta \beta$ = Umlenkwinkel der Strömung = $\beta_2 - \beta_1$; $A_{\min}$ = geringste Schaufelkanalweite; w_1 = Zuströmgeschwindigkeit; w_2 = Abströmgeschwindigkeit; w_{1u} bzw. w_{2u} = Umfangskomponenten von w_1 bzw. w_2; w_{1ax} bzw. w_{2ax} = Axialkomponenten von w_1 bzw. w_2.

Tabelle 2.2/1. *Grundprofile nach A. R. Howell*

Grund-profil	$\frac{d}{l}$	$\frac{x_d}{l}$	$\frac{r_1}{d}$	$\frac{r_2}{d}$	$\frac{x}{l}$	0	1,25	2,5	5	7,5	10	15	20	30	40	50	60	70	80	90	95	100
C_1	10	35	8	2	$\frac{y_o}{l} = \frac{y_u}{l}$	0	1,375	1,94	2,675	3,225	3,60	4,175	4,55	4,95	4,81	4,37	3,75	2,93	2,05	1,125	0,65	0
C_2	10	30	12	2	y_o/l	0	1,49	2,08	3,00	3,58	4,01	4,55	4,90	4,98	4,76	4,30	3,70	2,91	2,02	1,05	0,60	0
					y_u/l	0	1,63	2,26	3,12	3,66	4,06	4,58	4,89	5,02	4,79	4,31	3,72	3,00	2,15	1,20	0,68	0
C_4	10	30	12	6	$\frac{y_o}{l} = \frac{y_u}{l}$	0	1,65	2,27	3,08	3,62	4,02	4,55	4,83	5,00	4,89	4,57	4,05	3,37	2,54	1,60	1,06	0

Alle Maße sind in Prozent der Sehnenlänge l angegeben.

weichungen davon. Wir stützen uns dabei vor allem auf die zusammenfassende Veröffentlichung von B. ECKERT [15], sowie auf die verstreuten von A.R. HOWELL und Mitarbeitern [16—24]. Letztere sollen hier kurz zusammengefaßt werden. Die verwendeten Bezeichnungen zeigen Abb. 4 und 5. Das Vorleitrad des Verdichters enthält im Gegensatz zu allen anderen Verdichterschaufelreihen ein Beschleunigungsgitter; Unterlagen hierzu findet man in Abschn. 3.3.

Wie HOWELL zeigt, spielen die Einzelheiten der Profilform zumindest bei niedrigen MACH-Zahlen für das Verhalten der Schaufelgitter bei Abweichungen vom Nennlastzustand nur eine geringe Rolle. Dies gilt natürlich nur so lange, als die Profilformen im normalen Rahmen bleiben (also z. B. die Hochgeschwindigkeitsprofile der NACA-65-Gebläsereihe [23] ausgeschlossen sind). Die Profile werden durch Superposition einer Skelettlinie und einer Dickenverteilung erzeugt. Einige der von HOWELL untersuchten Dickenverteilungen sind in Tab. 2.2/1 zusammengestellt. Bemerkenswert ist, daß gegenüber den bekannten NACA-Profilen teilweise schon leicht unsymmetrische Dickenverteilungen verwendet werden. Wir wollen sie daher besser Grundprofile nennen. Die verwendeten Skelettlinien sind kreisbogenförmige und parabolische. Für die kreisbogenförmige

Skelettlinie gilt:

$$\operatorname{tg}(\chi_1/2) = \operatorname{tg}(\chi_2/2) = 2 \cdot f/l \qquad (2.2/1)$$

$$\Delta\beta' = \chi_1 + \chi_2 = 2 \cdot \chi_1 = 2 \cdot \chi_2 \qquad (2.2/2)$$

Bei Wölbungsrücklagen, die nur wenig von 50% verschieden sind, kann man bei geringer Krümmung der parabolischen Skelettlinie mit folgenden Näherungsformeln rechnen:

$$\Delta\beta' = (180°/\pi) \cdot 8 \cdot f/l \qquad (2.2/3)$$

$$\chi_1 = \frac{\Delta\beta'}{2} \cdot \left[1 + 2 \cdot \left(1 - 2 \cdot \frac{x_f}{l}\right)\right] \qquad (2.2/4)$$

$$\chi_2 = \frac{\Delta\beta'}{2} \cdot \left[1 - 2 \cdot \left(1 - 2 \cdot \frac{x_f}{l}\right)\right] \qquad (2.2/5)$$

Die genauen Beziehungen für die parabolische Skelettlinie (quadratische Parabel) lauten:

$$\operatorname{tg}\chi_1 = \frac{f/l}{\dfrac{x_f}{l} - \dfrac{1}{4}} \qquad (2.2/6)$$

$$\operatorname{tg}\chi_2 = \frac{f/l}{\dfrac{3}{4} - \dfrac{x_f}{l}} \qquad (2.2/7)$$

$$\Delta\beta' = \chi_1 + \chi_2 \qquad (2.2/8)$$

$$\frac{f}{l} = \frac{1}{4 \cdot \operatorname{tg}\Delta\beta'} \cdot \left(\sqrt{1 + 16 \cdot \operatorname{tg}^2\Delta\beta' \cdot \left[\frac{x_f}{l} - \left(\frac{x_f}{l}\right)^2 - \frac{3}{16}\right]} - 1\right) \qquad (2.2/9)$$

Für die Darstellung der Gitterversuchsergebnisse verwenden wir nach HOWELL als unabhängige Veränderliche die durch den Winkel i gegebene Zuströmrichtung zum Gitter und die MACH-Zahl $M = w_1/a_1$ der *Zuström*geschwindigkeit w_1, gebildet mit der Schallgeschwindigkeit a_1 des *statischen* Zustandes vor dem Gitter (Abb. 6 und 7). Die Wirkung der untersuchten Gitter wird durch die erreichte Umlenkung $\Delta\beta$ bzw. durch die erreichte Erhöhung des *statischen* Druckes Δp und die dabei auftretenden Strömungsverluste (Verluste an Gesamtdruck) angegeben. Als dimensionslose Kennzahlen hierfür werden $H/(w_1^2/2 \cdot g)$ und der Verlustbeiwert $\zeta = H_v/(w_1^2/2 \cdot g)$ verwendet ($H =$ der statischen Druckerhöhung entsprechende Enthalpiedifferenz, $H_v =$ den Strömungsverlusten entsprechende Enthalpiedifferenz)[1]. Entsprechend dem Maximum des Auftriebsbeiwertes eines Einzeltragflügels erhält man in der Regel auch im Verdichtergitter bei einem bestimmten Zuströmwinkel i_{max} eine maximale Umlenkung $\Delta\beta_{max}$. Da dieser Punkt in Versuchsergeb-

---

[1] Im Gegensatz zu den Beschleunigungsgittern (vgl. Abschn. 1.5) wird bei Verzögerungsgittern der Verlustbeiwert ζ mit der Geschwindigkeitshöhe der *Zuström*geschwindigkeit gebildet.

nissen nicht immer einwandfrei zu erkennen ist, werden dann i_{max} und $\Delta\beta_{max}$ dadurch festgelegt, daß für sie ζ das Doppelte des Minimalwertes dieser Größe haben soll. Als normaler Arbeitspunkt des Gitters

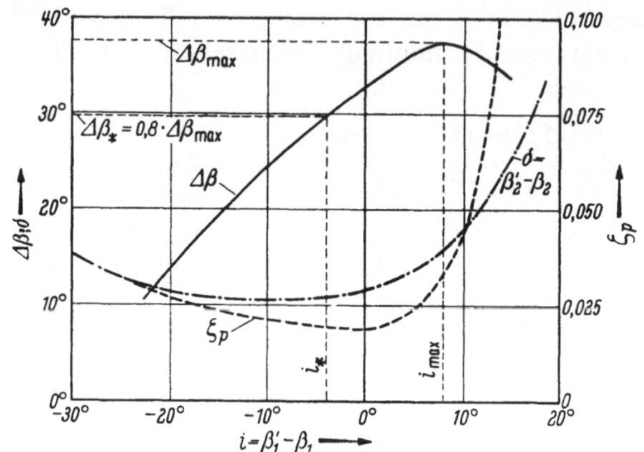

Abb. 6. Ergebnisse eines Niedergeschwindigkeits-Gitterversuches [16]. Grundprofil C 1 mit $d/l = 0,11$; kreisbogenförmige Skelettlinie mit $\Delta\beta' = 45°$; $t/l = 0,9$; $\beta_s = 68°$; $\beta'_1 = 45,5°$; $\beta'_2 = 90,5°$; $\beta_{2*} = 79,4°$; $Re_{eff} = 3.10^5$

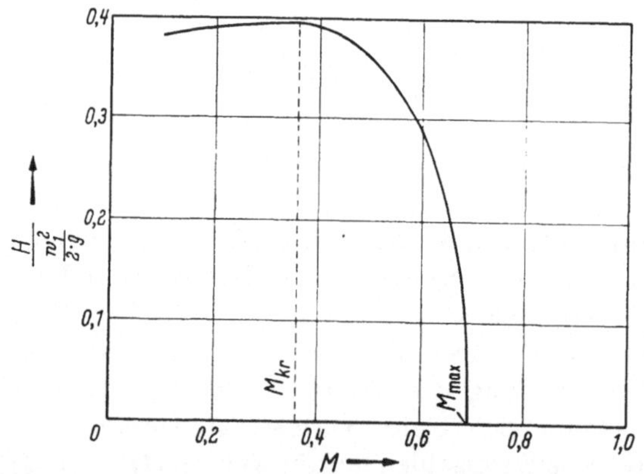

Abb. 7. Ergebnisse eines Hochgeschwindigkeits-Gitterversuches [16]. Profilgitter wie in Abb. 6; $i = -3,9°$; $A_{min}/A_1 = 0,97$

wird jener angenommen, der 80% der maximalen Umlenkung $\Delta\beta_{max}$ ergibt[1]. Die zugehörigen Werte werden als Nominalwerte bezeichnet und durch den Index ✱ gekennzeichnet.

---

[1] Diese Festlegung unterscheidet sich nur wenig von jener, die den Nominalpunkt dadurch festgelegt, daß für ihn die Gleitzahl ε des Gitters ihren Minimalwert annehmen soll.

Die Auftriebs- und Widerstandsbeiwerte erhält man aus den oben angegebenen Kennzahlen durch die Beziehungen:

$$\zeta_a = 2 \cdot \frac{t}{l} \cdot (\cot\beta_1 - \cot\beta_2) \cdot \sin\beta_\infty - \zeta_w \cdot \cot\beta_\infty \qquad (2.2/10)$$

$$\zeta_w = \zeta \cdot \frac{t}{l} \cdot \frac{\sin^3\beta_\infty}{\sin^2\beta_1} \qquad (2.2/11)$$

mit

$$\cot\beta_\infty = \frac{1}{2} \cdot (\cot\beta_1 + \cot\beta_2) \qquad (2.2/12)$$

Meist vernachlässigt man in der Beziehung für ζ_a das kleine Zusatzglied, das ζ_w enthält, und arbeitet mit dem so von den Verlusten unabhängig gewordenen *theoretischen* Auftriebsbeiwert. In der Beziehung für ζ_w ist bei Verdichtergittern oft das Glied $\sin^3\beta_\infty/\sin^2\beta_1$ nur wenig von Eins verschieden und man kann dann folgende Näherungsbeziehung benutzen:

$$\zeta_w \approx \zeta \cdot \frac{t}{l} \qquad (2.2/13)$$

Alle in den Abb. 6, 7 und 9 angegebenen Verlustbeiwerte ζ_p und Widerstandsbeiwerte ζ_{wp} beziehen sich auf *zweidimensionale* Gitterströmung, entsprechen also dem *Profil*widerstandsbeiwert ζ_{wp} der Tragflügel, worauf der zusätzliche Index p hinweisen soll. Den Beiwert des gesamten Widerstandes ζ_w erhält man aus:

$$\zeta_w = \zeta_{wp} + \zeta_{wr} + \zeta_{ws} \qquad (2.2/14)$$

Hierin berücksichtigt ζ_{wr} die Reibungsverluste durch die Grenzschichten an Nabe und Gehäuse des Verdichters; es gilt näherungsweise:

$$\zeta_{wr} = 0{,}02 \cdot \frac{t}{h} \qquad (2.2/15)$$

worin t die Teilung des Gitters und h die Schaufelhöhe ist. Dieser Beiwert gilt für das normale Axialspiel von etwa ein Drittel der Sehnenlänge. Ist das Axialspiel z. B. größer, so erhöht sich zwar die Oberflächenreibung an Nabenkörper und Gehäuse, doch dürfte diese Erhöhung durch die Verminderung des störenden Einflusses der Nachlaufzonen der vorhergehenden Beschaufelungsreihe zumindest teilweise wieder aufgehoben werden. Der Beiwert ζ_{ws} berücksichtigt die Sekundärverluste, die sich aus der Interferenz der Schaufelgrenzschichten mit jenen an Nabe und Gehäuse ergeben, sowie die unkorrekte Anströmung der Schaufeln im Bereich der Grenzschichten an Nabe und Gehäuse. Er berechnet sich näherungsweise aus:

$$\zeta_{ws} = \lambda_s \cdot \xi_a^2 \qquad (2.2/16)$$

wobei λ_s ein von der REYNOLDS-Zahl abhängiger Beiwert ist, der für ein Radialspiel im kalten Zustand des Verdichters von etwa 1 % der Schaufelhöhe aus Abb. 8 zu entnehmen ist.

2*

Abb. 7 zeigt, daß von der kritischen MACH-Zahl M_{kr} ab (die hier sehr niedrig ist) der im Gitter erreichte Druckanstieg stark abfällt. Die

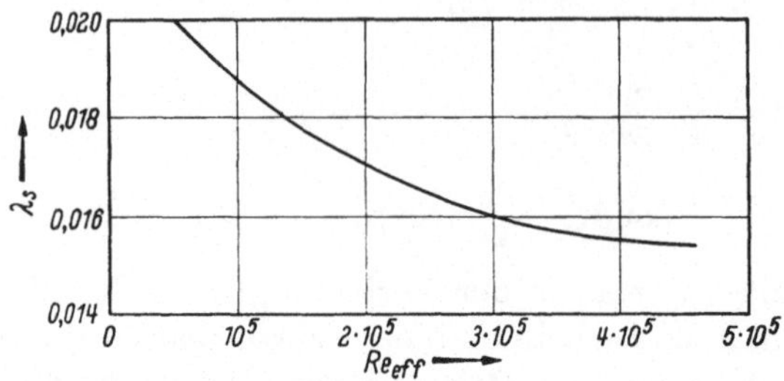

Abb. 8. Beiwert zur Berechnung der Sekundärverluste nach Gl. (2.2/16) [*17*]

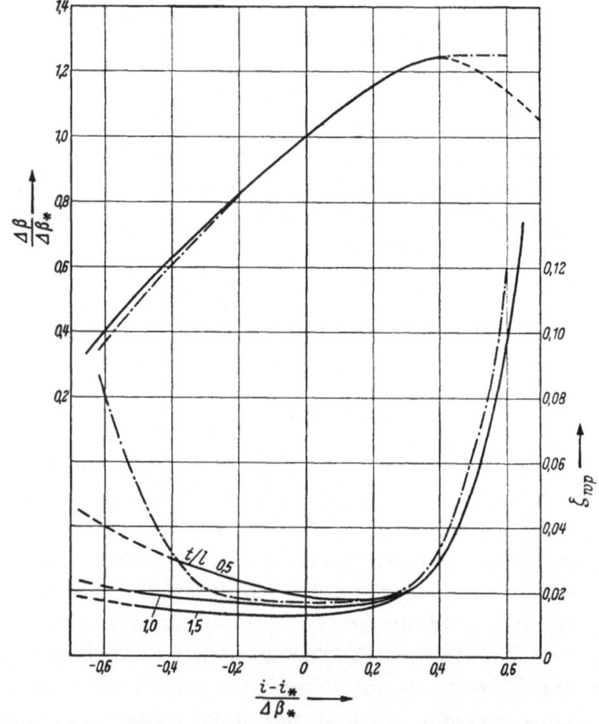

Abb. 9. Verhalten von Verzögerungsgittern bei MACH-Zahlen $\leqq M_{kr}$ [*16, 18*]. Die angegebenen Werte ζ_{wp} gelten für $Re_{eff} \approx 3 \cdot 10^5$. Die ausgezogenen und die strichpunktierten Kurven entstammen verschiedenen Veröffentlichungen HOWELLS, wobei für die strichpunktierte Kurve keine näheren Angaben über die Abhängigkeit der Verluste vom Teilungsverhältnis gemacht werden. Richtwerte für die Abhängigkeit der Verluste von der REYNOLDS-Zahl in Abb. 67

MACH-Zahl, bei der der erreichte Druckanstieg Null wird, nennt man maximale MACH-Zahl $M_{\max}$.

Abb. 9 zeigt das Verhalten der Gitter bezüglich der erreichten Umlenkungen und Verluste bei Abweichung vom Nominalwert des Zuströmwinkels i_*.

Der Nominalwert der Umlenkung $\Delta\beta_*$ wird in den Abb. 10 bis 12 in Abhängigkeit vom Abströmwinkel β_{2*} für den Nominalzustand, der effektiven REYNOLDS-Zahl $Re_{eff} =$

$$T'F \cdot Re_1 = TF \cdot \frac{w_1 \cdot l}{v_1} \text{ und}$$

dem Teilungsverhältnis t/l angegeben ($TF =$ Turbulenzfaktor, vgl. auch Abschn. 2.5). Den jeweils zu erwartenden Wert von $\Delta\beta_*$ erhält man durch Multiplikation der Angaben dieser drei Abbildungen.

Statt der Angaben der Abb. 10 bis 12 kann man für die Festlegung der Nominalwerte auch den auf die Abströmgeschwindigkeit vom Gitter w_2 bezogenen Auftriebsbeiwert

$$\zeta_{a(2)} = \zeta a \cdot (w_\infty/w_2)^2$$

verwenden, der von ZWEIFEL [25] als Maß für die Schaufelbelastung angeregt wurde. Entsprechend wird auch der Widerstandsbeiwert ζ_w durch $\zeta_{w(2)} = \zeta_w \cdot (w_\infty/w_2)^2$ ersetzt. Da sich die Profildicke bei enger geteilten

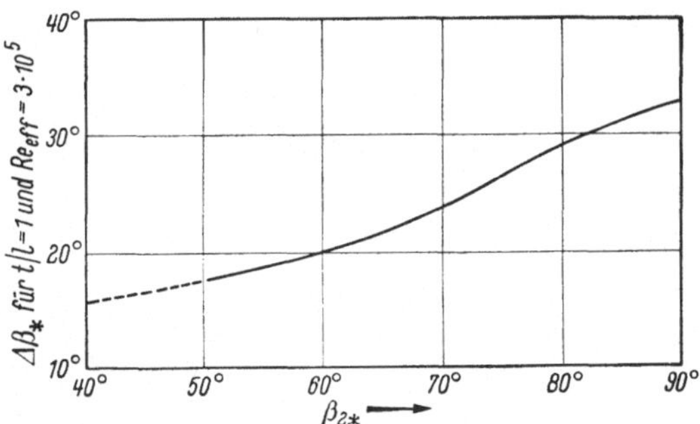

Abb. 10. Nominalumlenkungen von Verzögerungsgittern mit $t/l = 1{,}0$ bei $Re_{eff} = 3 \cdot 10^5$ [16]

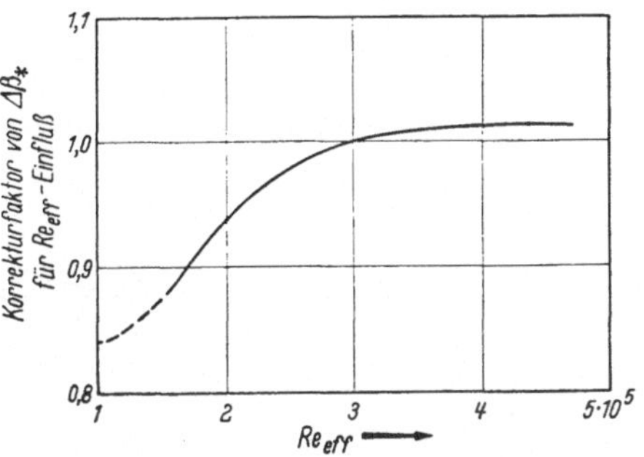

Abb. 11. Einfluß von Re_{eff} auf die Nominalumlenkungen der Abb. 10 [16]

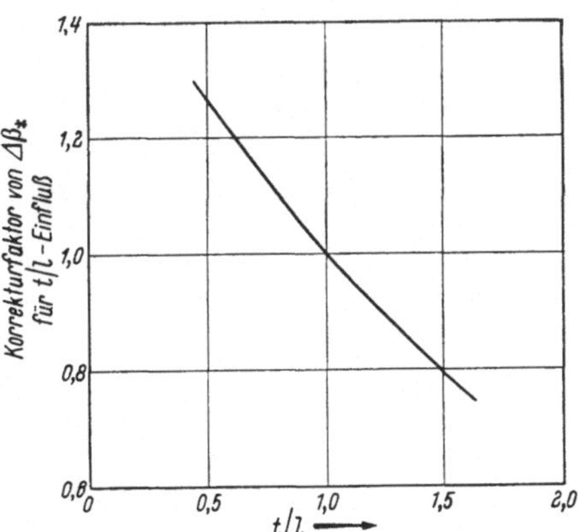

Abb. 12. Einfluß von t/l auf die Nominalumlenkungen der Abb. 10 [16]

Gittern stärker bemerkbar macht, sind die Nominalwerte $\zeta_{a(2)*}$ wie folgt abhängig vom Teilungsverhältnis anzunehmen:

$$\zeta_{a\,(2)\,*} = 1{,}125 \cdot \frac{6 \cdot (t/l) - 1}{5 \cdot (t/l)} \qquad (2.2/17)$$

Für die zugehörigen Widerstandsbeiwerte $\zeta_{wp\,(2)\,*}$ und die Gleitzahlen

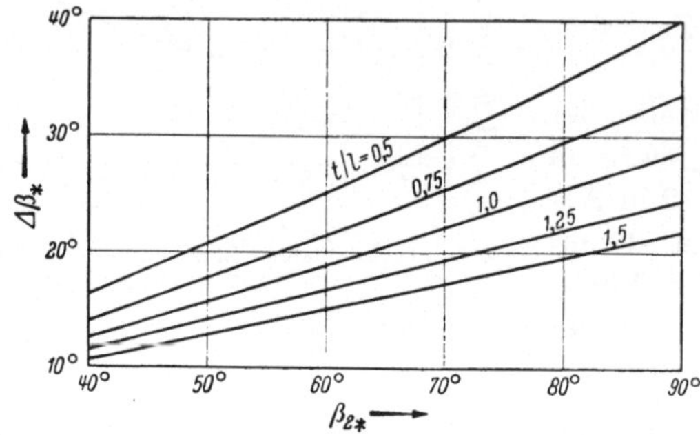

Abb. 13. Nominalumlenkungen entsprechend Gl. (2.2/17) [18, 20]

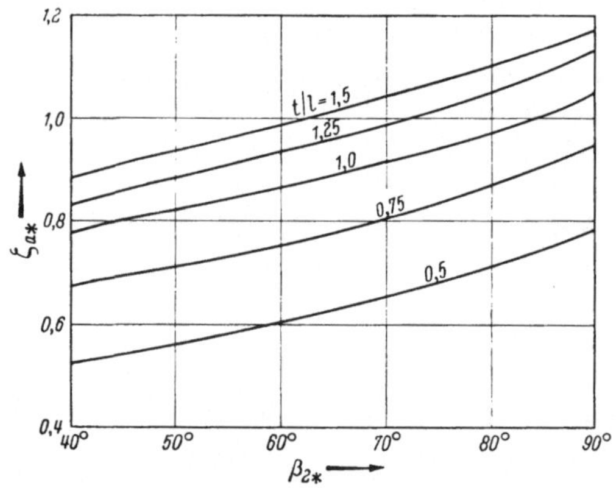

Abb. 14. Nominalwerte des Auftriebsbeiwertes zu den Nominalumlenkungen der Abb. 13 [18, 20]

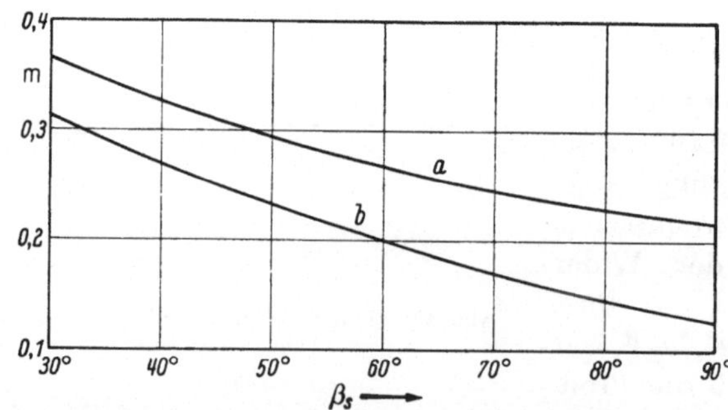

Abb. 15. Beiwert zur Berechnung der nominalen Austrittsablenkungen nach Gl. (2.2/20) [21]
a für kreisbogenförmige Skelettlinien; b für parabolische Skelettlinien mit $x_f/l = 0{,}40$

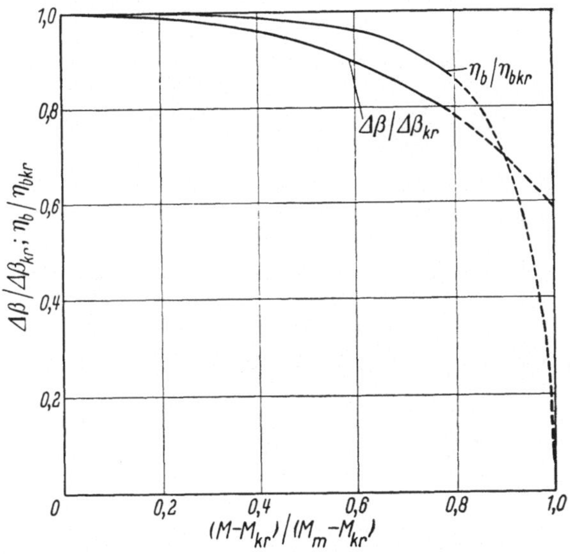

Abb. 16. Verhalten der Verzögerungsgitter zwischen kritischer und maximaler MACH-Zahl [16] η_b = Beschaufelungswirkungsgrad (vgl. Abschn. 2.3)

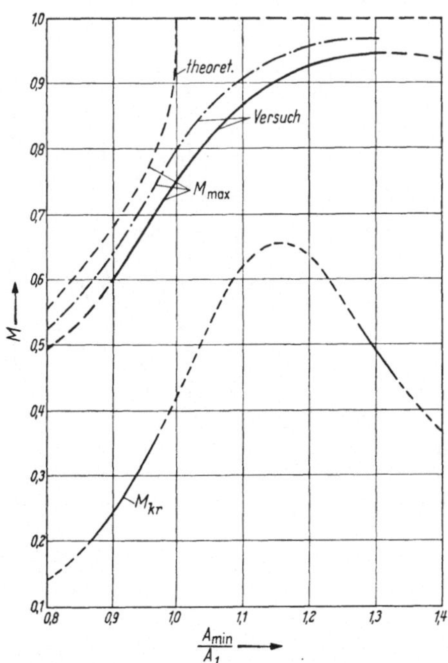

Abb. 17. Kritische und maximale MACH-Zahlen von Verzögerungsgittern. In den strichlierten Kurventeilen streuen die Versuchswerte [16, 18]

$\varepsilon_p{}_*$ gilt:

$$\zeta_{wp\,(2)\,*} = 0{,}018 \cdot \frac{5 \cdot (t/l)}{6 \cdot (t/l) - 1} \qquad (2.2/18)$$

$$\varepsilon_p{}_* = \frac{\zeta_{wp\,(2)\,*}}{\zeta_{a_s(2)\,*}} = \frac{1}{62{,}5} \cdot \left[\frac{5 \cdot (t/l)}{6 \cdot (t/l) - 1} \right]^2 \qquad (2.2/19)$$

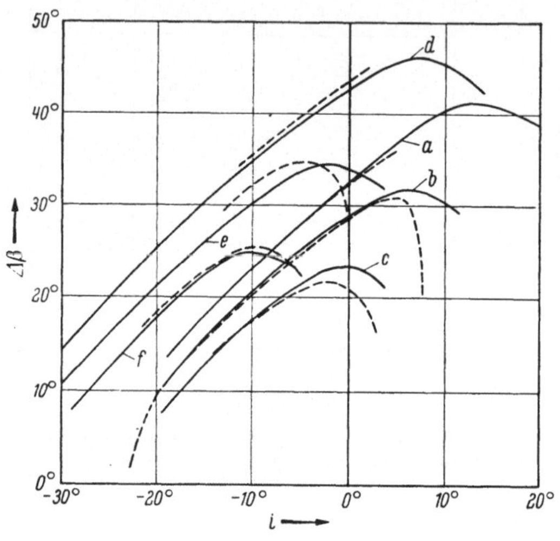

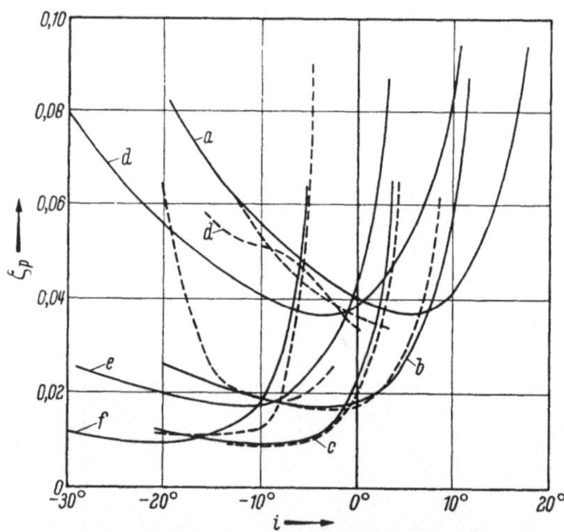

Abb. 18. Vergleich der angegebenen Berechnungsunterlagen mit Versuchsergebnissen für Grundprofil $C\,1$ mit $d/l = 0{,}1$ und kreisbogenförmiger Skelettlinie bei $\beta_s = 62{,}5°$; $Re = 2{,}4 \cdot 10^5$; $TF = 2{,}1$; $Re_{eff} = 5{,}0 \cdot 10^5$ [16]

Kurve	a	b	c	d	e	f
$\Delta\beta'$	40°	40°	40°	55°	55°	55°
t/l	0,5	0,94	1,5	0,5	0,94	1,5

——————— berechnet; — — — — — Versuche

Die sich an Hand dieser $\zeta_{a\,(2)\,*}$-Werte ergebenden Werte der Nominal-umlenkungen $\Delta\beta_*$ zeigt Abb. 13. In Abb. 14 sind noch die entsprechen-den Werte des normalen Auftriebsbeiwertes ζ_{a*} dargestellt. Die so er-haltenen ζ_{a*}-Werte verändern sich merklich mit dem Teilungsverhältnis und dem Abströmwinkel.

Die im Nominalpunkt auftretende Austrittsablenkung $\delta_* = \beta_2' - \beta_{2*}$ erhält man aus[1]:

$$\delta_* = m \cdot \Delta\beta' \cdot \sqrt{t/l} \qquad (2.2/20)$$

mit dem Beiwert m nach Abb. 15.

Um die Nominalumlenkung $\Delta\beta_*$ mit möglichst geringen Verlusten zu erreichen, muß der Krümmungswinkel $\Delta\beta'$ der Skelettlinie zwischen dem 1,2- und 1,8fachen der Nominalumlenkung liegen. Das entspricht etwa Zuströmwinkeln i_* im Bereich zwischen $-5°$ und $+5°$.

In Abb. 16 sind Richtwerte für das Verhalten der Schaufelgitter bei Überschreitung der kritischen MACH-Zahl M_{kr} bezüglich Umlenkung und Wirkungsgrad angegeben. Die hierfür notwendige Kenntnis der kritischen MACH-Zahl M_{kr} und der maximalen MACH-Zahl $M_{\max}$ ver-mittelt Abb. 17 in Abhängigkeit vom Flächenverhältnis $A_{\min}/A_1$, wobei $A_1 = t \cdot \sin\beta_1$ ist ($t = $ Teilung).

In welchem Maße es mit den hier angegebenen Unterlagen gelingt, die Versuchswerte von Verzögerungsgittern anzunähern, zeigen die Ver-gleiche von gerechneten und Versuchswerten in Abb. 18.

2.3 Berechnungsbeispiel für die Kennlinien eines Verdichtergitters

Die Anwendung der vorstehend zusammengestellten Unterlagen soll an Hand eines Beispieles verfolgt werden. Zu berechnen sind die Kenn-linien eines Verdichtergitters aus Profilen[2] 10C1/40C50 mit einem Teilungsverhältnis $t/l = 0,94$ und einem Staffelungswinkel $\beta_s = 62,5°$ für unendliche hohe Schaufeln ($h = \infty$) bei einer REYNOLDS-Zahl $Re_1 = 2,4 \cdot 10^5$ (bezogen auf die Zuströmgeschwindigkeit w_1 zum Gitter) und einem Turbulenzfaktor $TF = 2,1$, also einer effektiven REYNOLDS-Zahl von $Re_{eff} = 5 \cdot 10^5$. Dabei betrage die MACH-Zahl der Zuström-geschwindigkeit zunächst $M = 0$.

Aus der Profilbezeichnung entnehmen wir für die Skelettlinie:

$$\Delta\beta' = 40° \qquad x_f/l = 50\%$$

---

[1] Die hier angegebene Proportionalität von δ_* mit der Wurzel des Teilungs-verhältnisses gibt bei Verzögerungsgittern die Versuchswerte besser wieder als die theoretisch erwartete angenäherte Proportionalität mit der ersten Potenz des Teilungsverhältnisses.

[2] Die Profilbezeichnung bedeutet: 10 = maximale Profildicke in %, C1 = Be-zeichnung des Grundprofiles, 40 = $\Delta\beta'$ in Grad, C = kreisbogenförmige Skelett-linie, 50 = Wölbungsrücklage in %.

Man erhält somit die folgenden, die geometrische Form des Profilgitters kennzeichnenden Werte:

$$f/l = \Delta\beta' \cdot \pi/8 \cdot 180 = 8{,}72\%$$
$$1 - 2 \cdot x_f/l = 0$$
$$\chi_1 = (\Delta\beta'/2) \cdot [1 + 2 \cdot (1 - 2 \cdot x_f/l)] = 20°$$
$$\chi_2 = (\Delta\beta'/2) \cdot [1 - 2 \cdot (1 - 2 \cdot x_f/l)] = 20°$$
$$\beta_1' = \beta_s - \chi_1 = 42{,}5°$$
$$\beta_2' = \beta_s + \chi_2 = 82{,}5°$$

Für die aerodynamischen Eigenschaften dieses Gitters ergibt sich[1]:

$$\delta_* = 0{,}26 \cdot \Delta\beta' \cdot \sqrt{t/l} \cdot [1 - 3 \cdot (1 - 2 \cdot x_f/l)] = 10{,}1°$$
$$\beta_{2*} = \beta_2' - \delta_* = 72{,}4°$$

Für die Nominalumlenkung erhält man aus Abb. 10:

$$\Delta\beta_* = 24{,}8° \quad \text{für} \quad t/l = 1 \quad \text{und} \quad Re_{eff} = 3 \cdot 10^5$$

und als Korrekturfaktoren 1,026 für $t/l = 0{,}94$ (aus Abb. 12) und 1,018 für $Re_{eff} = 5 \cdot 10^5$ (aus Abb. 11), somit:

$$\Delta\beta_* = 1{,}026 \cdot 1{,}018 \cdot 24{,}8 = 25{,}8°$$

für unser Gitter.

Die nominale Zuströmrichtung ergibt sich zu:

$$\beta_{1*} = \beta_{2*} - \Delta\beta_* = 46{,}6°$$
$$i_* = \beta_1' - \beta_{1*} = -4{,}1°$$

Die Kennlinien des Schaufelgitters für $M = 0$ erhält man unter Benutzung der Werte $\Delta\beta/\Delta\beta_*$ und ζ_{wp} als Funktion von $(i - i_*)/\Delta\beta_*$ nach Abb. 9 in Tab. 2.3/1 mit den folgenden Beziehungen:

$$i = i_* + \left(\frac{i - i_*}{\Delta\beta_*}\right) \cdot \Delta\beta_* \qquad \beta_1 = \beta_1' - i$$

$$\Delta\beta = \left(\frac{\Delta\beta}{\Delta\beta_*}\right) \cdot \Delta\beta_* \qquad \beta_2 = \beta_1 + \Delta\beta$$

$$\frac{H_v}{w_1^2/2 \cdot g} \approx \frac{\zeta_{wp}}{t/l}$$

Die der Drucksteigerung im Gitter bei verlustloser Strömung entsprechende Enthalpiedifferenz $H_{th} = (w_1^2 - w_2^2)/2 \cdot g$ ergibt sich mit:

$$\frac{w_2}{w_1} = \frac{w_{ax}/\sin\beta_2}{w_{ax}/\sin\beta_1} = \frac{\sin\beta_1}{\sin\beta_2}$$

---

[1] Für die Berechnung von δ_* wird hier an Stelle von Gl. (2.2/20) eine von Howell angegebene Gleichung verwendet (vgl. [16, 23]).

Tabelle 2.3/1. *Berechnungsbeispiel für ein Verzögerungsgitter bei unterkritischen Machzahlen* [16]

$(i - i_*)/\Delta\beta_*$	—	$-0,6$	$-0,4$	$-0,2$	0	$0,2$	$0,4$	$0,6$
$\Delta\beta/\Delta\beta_*$	—	$0,393$	$0,620$	$0,820$	$1,000$	$1,155$	$1,250$	$1,150$
ζ_{wp}	—	$0,0240$	$0,0205$	$0,0185$	$0,0165$	$0,0180$	$0,0300$	$0,0960$
$i - i_*$	°	$-15,5$	$-10,3$	$-5,2$	0	$5,2$	$10,3$	$15,5$
i	°	$-19,6$	$-14,4$	$-9,3$	$-4,1$	$1,1$	$6,2$	$11,4$
β_1	°	$62,1$	$56,9$	$51,8$	$46,6$	$41,4$	$36,3$	$31,1$
$\Delta\beta$	°	$10,1$	$16,0$	$21,2$	$25,8$	$29,8$	$32,2$	$29,7$
β_2	°	$72,2$	$72,9$	$73,0$	$72,4$	$71,2$	$68,5$	$60,8$
$H_{th}\left/\dfrac{w_1^2}{2\cdot g}\right.$	—	$0,138$	$0,230$	$0,326$	$0,416$	$0,511$	$0,593$	$0,642$
$H_v\left/\dfrac{w_1^2}{2\cdot g}\right.$	—	$0,0255$	$0,0218$	$0,0197$	$0,0176$	$0,0192$	$0,0319$	$0,1020$
η_p	%	$81,5$	$90,5$	$94,0$	$95,8$	$96,2$	$94,6$	$84,1$
ζ_a	—	$0,36$	$0,57$	$0,79$	$1,01$	$1,20$	$1,35$	$1,38$

zu:

$$\frac{H_{th}}{w_1^2/2\cdot g} = 1 - \left(\frac{\sin\beta_1}{\sin\beta_2}\right)^2$$

wobei $w_{ax\,2} = w_{ax\,1} = w_{ax} = \text{konst}$ vorausgesetzt wurde. Den Wirkungsgrad $\eta_p = H/H_{th}$ des Gitters für $h = \infty$ erhält man mit der Enthalpiedifferenz $H = H_{th} - H_v$, die der Drucksteigerung im Gitter bei der verlustbehafteten Strömung entspricht, aus:

$$\eta_p = 1 - \frac{H_v\left/\dfrac{w_1^2}{2\cdot g}\right.}{H_{th}\left/\dfrac{w_1^2}{2\cdot g}\right.}$$

Es ist zu beachten, daß dieser Wirkungsgrad keine Rand- und Sekundärverluste enthält. Für die spätere Berechnung der Kennlinien einer Verdichterstufe müssen diese Verluste entsprechend Gl. (2.2/14) hinzugefügt werden, bevor der Schaufelwirkungsgrad η_b in derselben Weise wie hier η_p berechnet wird.

Der theoretische Auftriebsbeiwert wird:

$$\zeta_a = 2\cdot(t/l)\cdot(\cot\beta_1 - \cot\beta_2)\cdot\sin\beta_\infty$$

Tabelle 2.3/2. *Verhalten des Verzögerungsgitters von Tabelle 2.3/1 bei der überkritischen Machzahl M = 0,65* [16]

i	°	$-19,6$	$-14,4$	$-9,3$	$-4,1$	$1,1$	$6,2$	$11,4$
$\Delta\beta_{kr}$	°	10,1	16,0	21,2	25,8	29,8	32,2	29,7
$\eta_{p\,kr}$	%	81,5	90,5	94,0	95,8	96,2	94,6	84,1
β_1	°	62,1	56,9	51,8	46,6	41,4	36,3	31,1
$\sin\beta_1$	—	0,884	0,838	0,786	0,727	0,661	0,592	0,517
$A_{\min}/A_1$	—	0,839	0,885	0,942	1,020	1,121	1,252	1,435
M_{kr}	—	0,17	0,22	0,31	0,47	0,64	0,56	0,34
$M_{\max}$	—	0,52	0,58	0,66	0,78	0,88	0,94	0,92
$\dfrac{M-M_{kr}}{M_{\max}-M_{kr}}$	—	—	—	0,97	0,58	0,04	0,24	0,54
$\Delta\beta/\Delta\beta_{kr}$	—	—	—	0,63	0,90	1,00	0,98	0,92
$\eta_p/\eta_{p\,kr}$	—	—	—	0,45	0,96	1,00	0,99	0,97
$\Delta\beta$	°	—	—	13,3	23,2	29,8	31,5	27,3
η_p	%	—	—	42,3	92,0	96,2	93,6	81,5

mit dem mittleren Anströmwinkel β_∞ aus:

$$\cot\beta_\infty = \frac{1}{2}\cdot(\cot\beta_1 + \cot\beta_2)$$

Die so gerechneten Kennlinien des Gitters können auch für MACH-Zahlen $M>0$ als gültig übernommen werden, solange nicht die kritische MACH-Zahl M_{kr} überschritten wird. M_{kr} hängt dabei vom Anstellwinkel ab. Als Beispiel wurden in Tab. 2.3/2 die soeben gerechneten Kennlinien auf $M = 0,65$ umgerechnet, wobei die Werte $\Delta\beta$ und η_p von Tab. 2.3/1 für die jeweilige kritische MACH-Zahl übernommen und dementsprechend nunmehr mit dem Index kr gekennzeichnet wurden. Zunächst entnimmt man aus einer Zeichnung des Profilgitters das Verhältnis $t/A_{\min} = 1,35$ und berechnet die Werte $A_{\min}/A_1 = 1/[(t/A_{\min})\cdot\sin\beta_1]$ in Abhängigkeit vom Zuströmwinkel β_1. Zu diesen Werten liest man aus Abb. 17 die kritischen MACH-Zahlen M_{kr} und die maximalen MACH-Zahlen $M_{\max}$ ab und berechnet die Werte $(M-M_{kr})/(M_{\max}-M_{kr})$ für $M = 0,65$. Damit können aus Abb. 16 die Verhältnisse $\Delta\beta/\Delta\beta_{kr}$ und $\eta_p/\eta_{p\,kr}$ abgelesen und die $\Delta\beta$ und η_p für $M = 0,65$ berechnet werden. Wie man sieht, kann man $M = 0{,}65$ bei $i = -19{,}6°$ und $-14{,}4°$ nicht erreichen, da für diese Zuströmwinkel M_{max} kleiner als $0{,}65$ ist. Dies bedeutet, daß bei diesen Anstellwinkeln schon bei einem niedrigeren Wert von M im engsten Querschnitt A_{min} der kritische Zustand erreicht wird, was entsprechend unseren Kenntnissen über Lavaldüsen eine weitere Steigerung von M unmöglich macht.

2.4 Die Verdichterstufe bei inkompressiblem Strömungsmittel

Abb. 19 zeigt die Beschaufelung eines zweistufigen Verdichters, sowie die zugehörigen Geschwindigkeits- und Umlenkungsdreiecke und die im vorliegenden und dem nächsten Abschnitt verwendeten Bezeichnungen. Index 1 verweist auf die Stelle *vor* dem Laufrad der *betrachteten* Stufe, Index 2 auf die Stelle *nach* demselben, Index 2 *v* auf die Stelle *nach* dem Laufrad der *vorhergehenden* Stufe, die mit der Stelle vor dem Leitrad der vorhergehenden Stufe identisch ist, und Index 1 *n* auf die Stelle *vor* dem Laufrad der *nachfolgenden* Stufe, die mit der Stelle nach dem Leitrad der betrachteten Stufe identisch ist.

Für eine einleitende Untersuchung der Kennlinie einer Verdichterstufe setzen wir voraus, daß sich der Durchmesser D und damit die Umfangsgeschwindigkeit $u = D \cdot \pi \cdot n/60$ zwischen Laufradein- und Austritt nicht ändern. Dasselbe gelte für die kreisringförmige Durchtrittsfläche, die senkrecht zur Verdichterachse gemessen wird:

$$F_{ax} = \frac{\pi}{4}\,(D_a^2 - D_i^2) \qquad (2.4/1)$$

mit D_a bzw. D_i für den Außen- bzw. Innendurchmesser der Verdichterstufe. Setzen wir ferner ein inkompressibles Strömungsmittel voraus, so ist wegen:

$$c_{ax} = \frac{\dot{m}}{\varrho \cdot F_{ax}} \qquad (2.4/2)$$

($\dot{m} =$ Massendurchsatz der Verdichterstufe, $\varrho =$ Dichte des strömenden Mittels) auch die Axialkomponente der Strömungsgeschwindigkeiten vor und hinter dem Laufrad gleich.

Aus den Geschwindigkeitsdreiecken der Abb. 20 erkennt man folgende Zusammenhänge für die Lieferzahl φ:

$$\varphi = \frac{c_{ax}}{u} = \frac{1}{\cot\alpha_1 + \cot\beta_1} \quad \text{bzw.} \quad \varphi = \frac{1}{\cot\alpha_2 + \cot\beta_2} \qquad (2.4/3)$$

und für die Innenleistungszahl ψ_i:

$$\psi_i = \frac{H_i}{\dfrac{u^2}{2 \cdot g}} = \frac{\dfrac{u}{g}\cdot(c_{u2} - c_{u1})}{\dfrac{u^2}{2 \cdot g}} = \frac{2\cdot(c_{u2} - c_{u1})}{u} = 2\cdot\varphi\cdot(\cot\alpha_2 - \cot\alpha_1) \qquad (2.4/4)$$

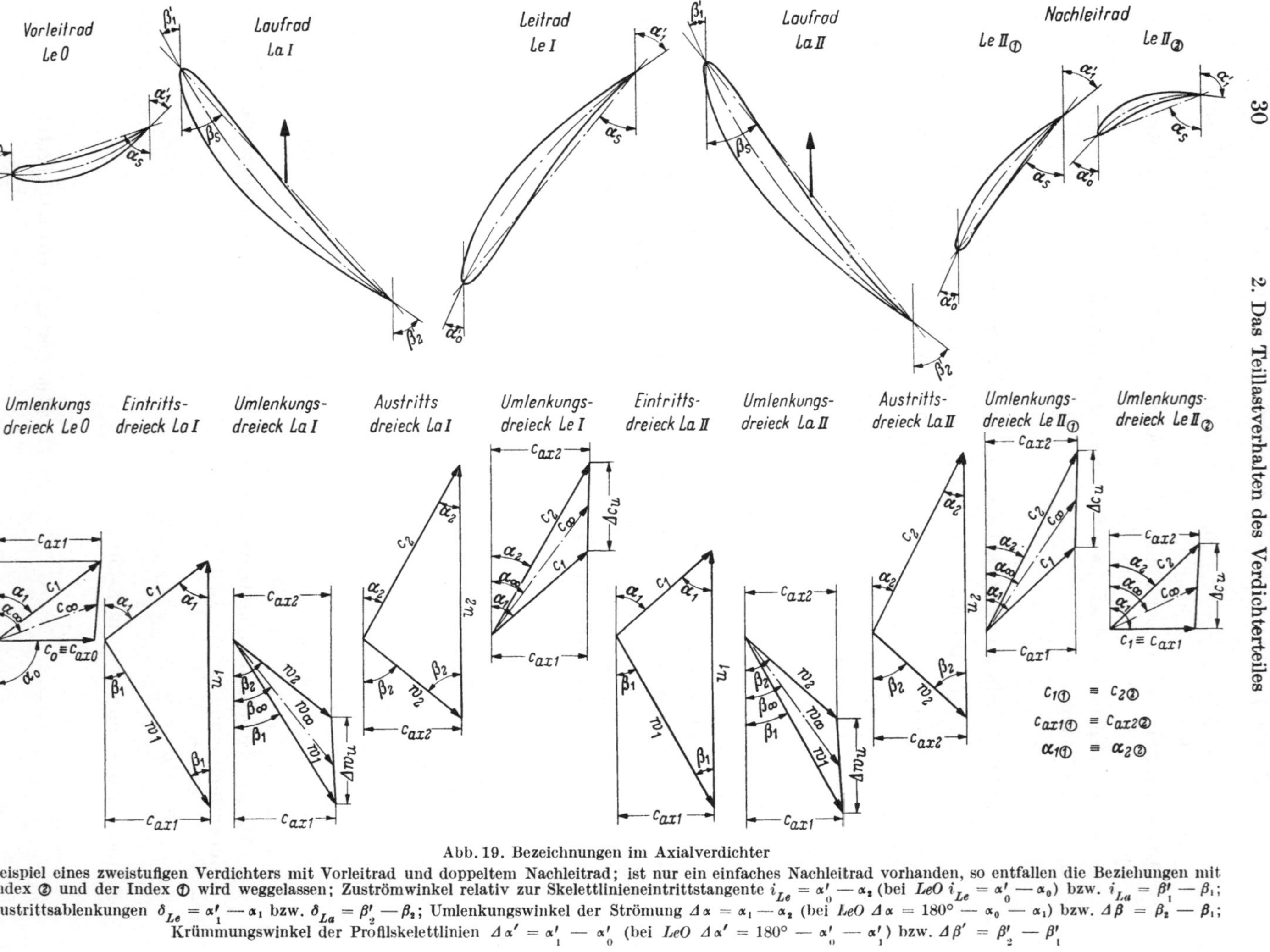

Abb. 19. Bezeichnungen im Axialverdichter

Beispiel eines zweistufigen Verdichters mit Vorleitrad und doppeltem Nachleitrad; ist nur ein einfaches Nachleitrad vorhanden, so entfallen die Beziehungen mit Index ② und der Index ① wird weggelassen; Zuströmwinkel relativ zur Skelettlinieneintrittstangente $i_{Le} = \alpha'_0 - \alpha_2$ (bei $LeO\ i_{Le} = \alpha'_0 - \alpha_0$) bzw. $i_{La} = \beta'_1 - \beta_1$; Austrittsablenkungen $\delta_{Le} = \alpha'_1 - \alpha_1$ bzw. $\delta_{La} = \beta'_2 - \beta_2$; Umlenkungswinkel der Strömung $\Delta\alpha = \alpha_1 - \alpha_2$ (bei $LeO\ \Delta\alpha = 180° - \alpha_0 - \alpha_1$) bzw. $\Delta\beta = \beta_2 - \beta_1$; Krümmungswinkel der Profilskelettlinien $\Delta\alpha' = \alpha'_1 - \alpha'_0$ (bei $LeO\ \Delta\alpha' = 180° - \alpha'_0 - \alpha'_1$) bzw. $\Delta\beta' = \beta'_2 - \beta'_1$

Durch Kombination der Gln. (2.4/3) und (2.4/4) erhält man folgenden Zusammenhang zwischen Innenleistungs- und Lieferzahl:

$$\frac{\psi_i}{2} = 1 - \varphi \cdot (\cot \alpha_1 + \cot \beta_2) \qquad (2.4/5)$$

Ist das Verhalten der Abströmwinkel α_1 und β_2 bei Änderungen des Betriebszustandes der Verdichterstufe bekannt, so kann man aus Gl. (2.4/5) das Teillastverhalten derselben erkennen.

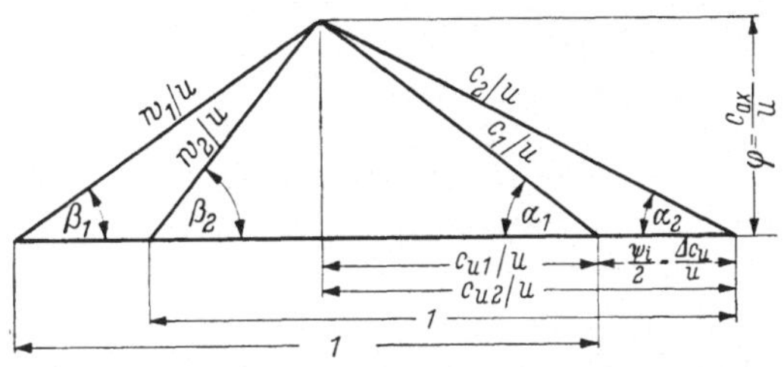

Abb. 20. Geschwindigkeitsdreiecke einer mittleren Stufe eines Axialverdichters für den *konstanten* mittleren Durchmesser *D*. Alle Geschwindigkeiten wurden dimensionslos als Vielfache der Umfangsgeschwindigkeit *u* dargestellt

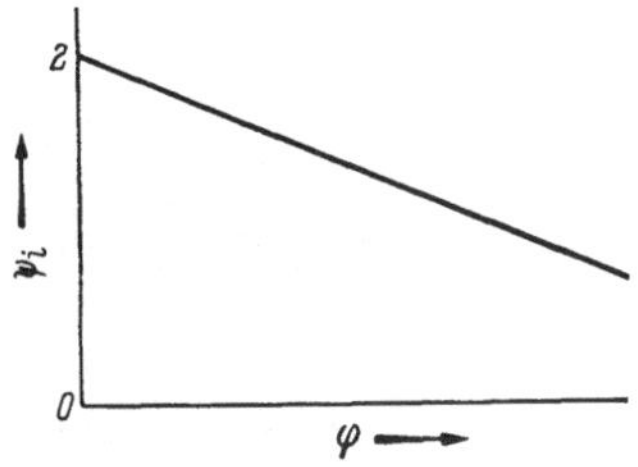

Abb. 21. Kennlinie einer Verdichterstufe bei inkompressiblem Strömungsmittel

Die einfachste Annahme ist, daß die Austrittsrichtungen des geförderten Mittels aus der Laufbeschaufelung (β_2) bzw. der Leitbeschaufelung der vorhergehenden Stufe (α_1) bei Änderungen des Betriebszustandes unverändert bleiben. Die ψ_i-φ-Kennlinie der Verdichterstufe ist dann eine Gerade mit dem Anstieg $-2 \cdot (\cot \alpha_1 + \cot \beta_2)$, die die ψ_i-Achse im Punkte $+2$ schneidet, Abb. 21. Die Steilheit dieser Kennlinie ist also durch die Wahl der Winkel α_1 und β_2 beeinflußbar.

Eine andere Annahme ist, daß die Austrittswinkel aus den Beschaufelungen den Gesetzmäßigkeiten für Potentialströmung durch Schaufelgitter endlichen Teilungsverhältnisses folgen:

$$\cot \beta_2 = C_{HLa} \cdot \cot \beta_{20} - (1 - C_{HLa}) \cdot \cot \beta_1 \qquad (2.4/6)$$

$$\cot \alpha_1 = C_{HLev} \cdot \cot \alpha_{10} - (1 - C_{HLev}) \cdot \cot \alpha_{2v} \qquad (2.4/7)$$

Die Werte C_H sind hierin Konstanten [26], die dem Laufrad (Index *La*) bzw. dem Leitrad der vorhergehenden Stufe (Index *Lev*) zugeordnet sind. Sie können abhängig vom Teilungsverhältnis $\overline{t/l}$ und dem Staffelungswinkel $\overline{\beta_s}$ der dem Laufrad- bzw. Leitradgitter zugeordneten äquivalenten Streckenprofilgitter (nach WEINIG [27]) aus Abb. 22 entnommen werden. Die Winkel β_{20} und α_{10} geben die Abströmrichtungen bei auftriebsloser Durchströmung des Lauf- bzw. Leitradgitters an. α_{2v} ist der Winkel der Absolutströmung am Eintritt des Leitrades der vorhergehenden Stufe. Wird angenommen, daß diese Stufe mit der betrachteten gleichartig sei, können wir α_{2v} und C_{HLev} durch die entsprechenden Werte α_2 und $C_{H\,Le}$ der betrachteten Stufe ersetzen. Dann können cot β_2 und cot α_1 aus den Gln. (2.4/6) und 2.4/7) unter Berück-

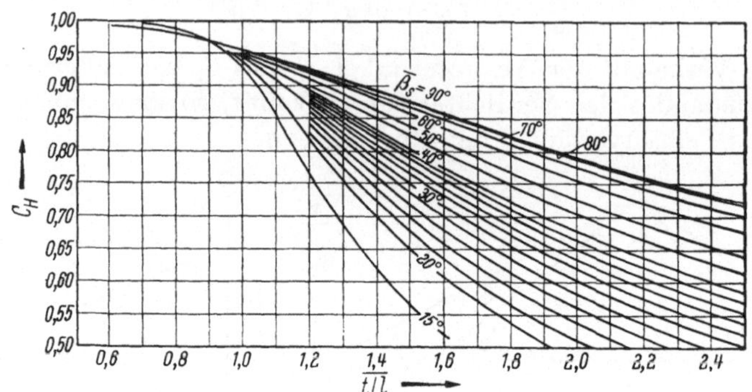

Abb. 22. Gitterkorrekturbeiwert C_H für Streckenprofile [26]

$\overline{\beta}_s$ bzw. $\overline{t/l}$ = Schaufelwinkel bzw. Teilungsverhältnis des äquivalenten Streckenprofilgitters

sichtigung der Gln. (2.4/3) berechnet und in Gl. (2.4/5) eingesetzt werden, was die Kennlinie der Stufe in folgender Form ergibt.

$$\frac{\psi_i}{2} = \frac{4 - 2\cdot(C_{H\,La} + C_{H\,Le}) + C_{H\,La}\cdot C_{H\,Le}}{(C_{H\,La} + C_{H\,Le}) - C_{H\,La}\cdot C_{H\,Le}} -$$
$$- \varphi\cdot\left[\frac{2\cdot C_{H\,Le} - C_{H\,La}\cdot C_{H\,Le}}{(C_{H\,La} + C_{H\,Le}) - C_{H\,La}\cdot C_{H\,Le}}\cdot\cot\alpha_{10} + \frac{2\cdot C_{H\,La} - C_{H\,La}\cdot C_{H\,Le}}{(C_{H\,La} + C_{H\,Le}) - C_{H\,La}\cdot C_{H\,Le}}\cdot\cot\beta_{20}\right] \qquad (2.4/8)$$

Auch dies ist eine Gerade, jedoch mit etwas anderem Anstieg und etwas anderem Schnittpunkt mit der ψ_i-Achse. Bei den dünnen, schwach gewölbten Profilen der Verdichter kann man für die Ablesung der C_H-Werte meist mit ausreichender Annäherung das Teilungsverhältnis und den Staffelungswinkel des äquivalenten Streckenprofilgitters durch die entsprechenden Werte des wirklichen Gitters ersetzen.

Folgen die Strömungsaustrittswinkel aus den Beschaufelungen im allgemeinen Fall keiner der obigen Voraussetzungen, so weicht die ψ_i-φ-Kennlinie vom geraden Verlauf ab. Größere Abweichungen treten vor allem bei Verminderung des Verdichterdurchsatzes dann ein, wenn in der Nähe der Pumpgrenze von den Schaufelgittern so starke Umlenkungen verlangt werden, daß an den Schaufelrücken Ablösungserscheinungen auftreten.

Um aus der ψ_i-φ-Kennlinie die ψ-φ-Kennlinie zu erhalten, muß man aus den Innenleistungszahlen ψ_i die zugehörigen Druckzahlen ψ durch Abzug der Strömungsverluste in der Verdichterstufe berechnen. Die Ermittlung der Verluste ist nur bei genauer Einzeluntersuchung der Strömungsverhältnisse in der Stufe möglich und wird im folgenden dargelegt.

2.5 Die Berechnung der Kennlinien einer Verdichterstufe

Um die Berechnung der Kennlinien der einzelnen Verdichterstufen durchführen zu können, muß man zunächst die Kennlinien für die einzelnen Lauf- und Leitschaufelgitter nach den Unterlagen von Abschn. 2.2 zusammenstellen. Diese müssen aber jetzt im Gegensatz zu der Beispielrechnung Abschn. 2.3 auch die Rand- und Sekundärverluste enthalten. Zweckmäßigerweise stellt man die Kennlinien für das Laufrad als $(\cot \beta_1 - \cot \beta_2)_{kr}$ und $\eta_{La\,kr}$ über $\cot \beta_1$ bzw. für das Leitrad als $(\cot \alpha_2 - \cot \alpha_{1\,n})_{kr}$ und $\eta_{Le\,kr}$ über $\cot \alpha_2$ dar, vgl. die Beispiele Abb. 23. Der Index kr deutet an, daß diese Kennlinien für den Bereich kleiner MACH-Zahlen bis zur jeweiligen kritischen MACH-Zahl gelten. Da sich in einem mehrstufigen Verdichter normalerweise alle Daten (wie Anstellwinkel usw.) von Stufe zu Stufe systematisch über der Länge des Verdichters ändern, genügt es im allgemeinen, die Gitterkennlinien nur für die erste und letzte Stufe zu berechnen. Für die dazwischenliegenden

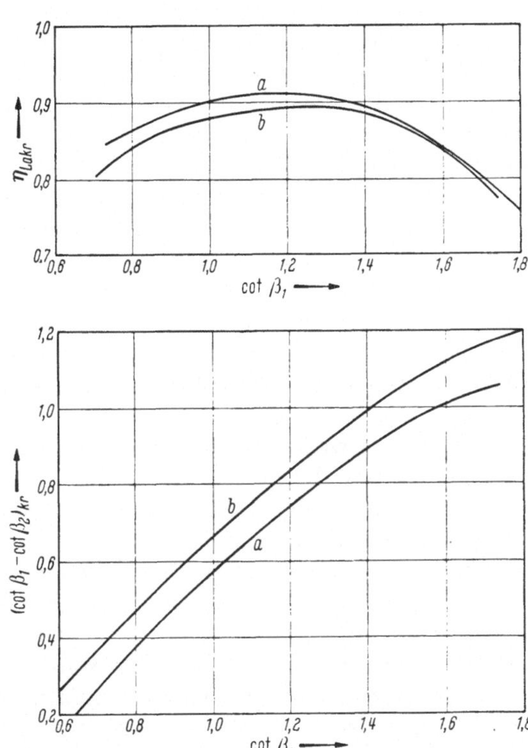

Abb. 23. Beispiele für die unterkritischen Kennlinien der Schaufelgitter eines Axialverdichters [17]
a für die erste Stufe; b für die letzte (9.) Stufe

Stufen können sie dann durch Interpolation gefunden werden. Diese Kennlinien gelten jedoch — wie schon gesagt — nur für den Bereich niedrigerer Drehzahlen, solange in keinem Schaufelgitter die kritische MACH-Zahl überschritten wird.

Obwohl sich die REYNOLDS-Zahl von Punkt zu Punkt der zu berechnenden Stufenkennlinie ändert, kann man im allgemeinen diese Änderungen vernachlässigen und die REYNOLDS-Zahl gleich deren Wert für das betreffende Schaufelgitter bei einem mittleren Betriebszustand annehmen. Über die in einem Verdichter auftretenden Turbulenzfaktoren ist wegen Meßschwierigkeiten wenig bekannt. Sie dürften zwischen 2 und 3 liegen, so daß man sicherheitshalber mit $TF \approx 2$ rechnen wird.

Für die MACH-Zahlkorrektur von Abb. 23 bestimmt man für jedes Laufschaufelgitter einen Mittelwert des Verhältnisses A_{min}/t über der Schaufelhöhe. Damit läßt sich:

$$\frac{'A_{min}}{A_1} = \frac{A_{min}}{t} \cdot \frac{1}{\sin \beta_1} = \frac{A_{min}}{t} \cdot \sqrt{1 + \cot^2 \beta_1} \qquad (2.5/1)$$

berechnen und unter Benutzung von Abb. 17 die kritische MACH-Zahl M_{kr} und die maximale MACH-Zahl M_{max} in Abhängigkeit von $\cot \beta_1$ darstellen. Da das Rechenschema Tab. 2.5/1 auf den Axialgeschwindigkeiten aufgebaut ist, trägt man am besten entsprechend Abb. 24 die Axialkomponenten, d. h. die Werte $M_{kr} \cdot \sin \beta_1$ bzw. $M_{max} \cdot \sin \beta_1$ über $\cot \beta_1$ auf. Diese Kurven entsprechen den Werten $(M - M_{kr})/(M_{max} - M_{kr})$ $= 0$ bzw. 1. Unterteilt man den Zwischenraum in 10 gleiche Teile, so kann man mit ausreichender Genauigkeit zu jedem Wertepaar $\cot \beta_1$ und $M \cdot \sin \beta_1 = c_{ax1}/a_1$ das zugehörige $(M - M_{kr})/(M_{max} - M_{kr})$ ablesen und damit aus Abb. 16 die MACH-Zahlkorrektur für die Umlenkung $(\cot \beta_1 - \cot \beta_2)$ bzw. den Schaufelwirkungsgrad η_{La} finden[1]. Für die Leitschaufelgitter geht man entsprechend vor.

Das Verhältnis A_{min}/t verändert sich im allgemeinen über der Länge des Verdichters weder für die Laufschaufeln noch für die Leitschaufeln sehr, so daß man die obigen Kurven meist nur für die erste Stufe auftragen muß, in der der Einfluß der MACH-Zahl am größten ist.

Den Gang der Berechnung der Stufenkennlinien zeigt Tab. 2.5/1 nach [17]. Da man danach Stufe für Stufe eines mehrstufigen Verdichters hintereinander durchrechnen und so auch die Kennlinien des gesamten mehrstufigen Verdichters erhalten kann, wurde das Rechenschema hierauf abgestellt. Die Verdichterkennlinien werden mit konstantem $k = c_p/c_v$ (einem geeignet für die mittlere Temperatur im Verdichter festgelegten Mittelwert, meist $k = 1,4$) gerechnet. Wir führen die ganze Rechnung mit dimensionslosen Werten, also mit MACH-Zahlen und Flächen-, Druck-, Temperatur- usw. Verhältnissen bezogen auf die entsprechenden Werte für den Gesamtzustand am Verdichtereintritt (Index E) durch[2]. Einfachheitshalber lassen wir aber den Hinweis auf diese Verhältniswerte künftig weg und sprechen z. B. für T_2/T_E von der *Temperatur hinter Laufrad*.

---

[1] Im Rahmen der Genauigkeit, mit der die Angaben von Abb. 16 gelten, können ohne weiteres die dort für $\Delta \beta / \Delta \beta_{kr}$ gemachten Angaben jetzt für $(\cot \beta_1 - \cot \beta_2)/(\cot \beta_1 - \cot \beta_2)_{kr}$ übernommen werden.

[2] Index E kennzeichnet den *Gesamtzustand* bzw. die geometrischen Abmessungen am *Eintritt* des gesamten mehrstufigen Verdichters, Index A die entsprechenden Werte an seinem *Austritt*. Die Indizes in römischen Zahlen kennzeichnen die einzelnen *Stufen* des Verdichters.

Vernachlässigt man bei der Kennfeldaufstellung in üblicher Weise den Einfluß der REYNOLDS-Zahl $Re'_E = a_E \cdot l/\nu_E$, so ist jeder Kennfeldpunkt durch Angabe der Umfangs-MACH-Zahl $M_{uE} = u_E/a_E$ und des dimen-

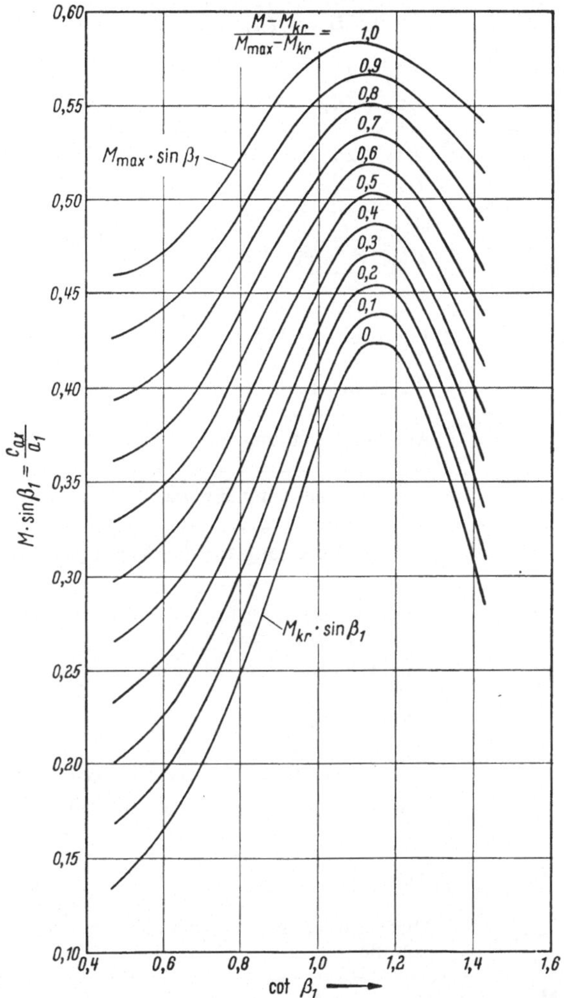

Abb. 24. Beispiel für die Darstellung des MACH-Zahleinflusses für ein Schaufelgitter eines Axialverdichters [17]

sionslos gemachten Massendurchsatzes $\dot{m}/F_{axE} \cdot \varrho_E \cdot u_E$ festgelegt. Vor dem ersten Laufrad sitzt in der Regel ein Vorleitrad, das im Gegensatz zu allen anderen Lauf- und Leiträdern ein Beschleunigungsgitter enthält. Es wird wie ein Turbinenleitrad berechnet (vgl. Abschn. 3.3). Ist kein Vorleitrad vorhanden, so rechnet man ebenso, verwendet aber als

3*

Tabelle 2.5/1. *Berechnung eines Verdichterkennfeldes*

Zeile	Wert	Berechnung
(1)	$\dfrac{D_{m\,La}}{D_{m\,E}}$	$\dfrac{D_{a\,1} + D_{i\,1} + D_{a\,2} + D_{i\,2}}{2 \cdot (D_{a\,E} + D_{i\,E})}$
(2)	$\dfrac{F_{ax\,1}}{F_{ax\,E}}$	$\dfrac{D_{a\,1}^2 - D_{i\,1}^2}{D_{a\,E}^2 - D_{i\,E}^2}$
(3)	$\dfrac{F_{ax\,2}}{F_{ax\,E}}$	$\dfrac{D_{a\,2}^2 - D_{i\,2}^2}{D_{a\,E}^2 - D_{i\,E}^2}$
(4)	$M_{u\,E}$	Vorgegebener Wert der Umfangs-MACH-Zahl $= \dfrac{D_{m\,E} \cdot \pi \cdot n/60}{a_E}$
(5)	$M_{ax\,E}$	Vorgegebener Wert des Massendurchsatzes $= \dfrac{\dot{m}}{F_{ax\,E} \cdot \varrho_E \cdot a_E}$
(6)	p_1/p_E	Aus der Rechnung für das Vorleitrad bzw. $(48)_v$
(7)	T_1/T_E	Aus der Rechnung für das Vorleitrad bzw. $(50)_v$
(8)	$c_{ax\,1}/a_1$	Aus der Rechnung für das Vorleitrad bzw. $(52)_v$
(9)	$c_{u\,1}/a_1$	Aus der Rechnung für das Vorleitrad bzw. $(41)_v/\sqrt{(49)_v}$
(10)	u_{La}/a_1	$(1) \cdot (4)/\sqrt{(7)}$
(11)	$w_{u\,1}/a_1$	$(10) - (9)$
(12)	$c_{ax\,La}/a_1$	Zunächst geschätzt und nach Durchrechnung der Stufe überprüft als $\dfrac{1}{2} \cdot [(8) + (30) \cdot \sqrt{(27)}]$
(13)	$\cot\beta_1$	$(11)/(12)$
(14)	$(\cot\beta_1 - \cot\beta_2)_{kr}$	Abgelesen für (13) aus einem Kurvenblatt entsprechend Abb. 23
(15)	$\left(\dfrac{M - M_{kr}}{M_{\max} - M_{kr}}\right)_{La}$	Abgelesen für (12) und (13) aus einem Kurvenblatt entsprechend Abb. 24
(16)	$\dfrac{\cot\beta_1 - \cot\beta_2}{(\cot\beta_1 - \cot\beta_2)_{kr}}$	Abgelesen für (15) aus Abb. 16
(17)	$\cot\beta_1 - \cot\beta_2$	$(14) \cdot (16)$
(18)	$\cot\beta_2$	$(13) - (17)$

Tabelle 2.5/1. (Fortsetzung)

Zeile	Wert	Berechnung
(19)	$w_{u\,2}/a_1$	$(12) \cdot (18)$
(20)	$\eta_{La\,kr}$	Abgelesen für (13) aus einem Kurvenblatt entsprechend Abb. 23
(21)	$\eta_{La}/\eta_{La\,kr}$	Abgelesen für (15) aus Abb. 16
(22)	η_{La}	$(20) \cdot (21)$
(23)	$H_{th\,La}\left/\dfrac{a_1^2}{2 \cdot g}\right.$	$(11)^2 - (19)^2 + (34)_v^2 \cdot \dfrac{(28)_v}{(7)} - (12)^2$
(24)	$H_{ad\,La}\left/\dfrac{a_1^2}{2 \cdot g}\right.$	$(22) \cdot (23)$
(25)	p_2/p_1	$\left[1 + \dfrac{k-1}{2} \cdot (24)\right]^{\frac{k}{k-1}}$
(26)	p_2/p_E	$(6) \cdot (25)$
(27)	T_2/T_1	$1 + \dfrac{k-1}{2} \cdot (23)$
(28)	T_2/T_E	$(7) \cdot (27)$
(29)	ϱ_2/ϱ_E	$(26)/(28)$
(30)	$c_{ax\,2}/a_2$	$\dfrac{(5)}{(3) \cdot (29) \cdot \sqrt{(28)}}$
(31)	$w_{u\,2}/a_2$	$(19)/\sqrt{(27)}$
(32)	u_{La}/a_2	$(10)/\sqrt{(27)}$
(33)	$c_{u\,2}/a_2$	$(32) - (31)$
(34)	$c_{ax\,Le}/a_2$	Zunächst geschätzt und nach Durchrechnung der Stufe überprüft als $\dfrac{1}{2}\left[(30) + (52) \cdot \sqrt{(49)}\right]$
(35)	$\cot \alpha_2$	$(33)/(34)$
(36)	$(\cot \alpha_2 - \cot \alpha_{1\,n})_{kr}$	Abgelesen für (35) aus einem Kurvenblatt entsprechend Abb. 23
(37)	$\left(\dfrac{M - M_{kr}}{M_{max} - M_{kr}}\right)_{Le}$	Abgelesen für (34) und (35) aus einem Kurvenblatt entsprechend Abb. 24

Tabelle 2.5/1. (Fortsetzung)

Zeile	Wert	Berechnung
(38)	$\dfrac{\cot\alpha_2 - \cot\alpha_{1n}}{(\cot\alpha_2 - \cot\alpha_{1n})_{kr}}$	Abgelesen für (37) aus Abb. 16
(39)	$\cot\alpha_2 - \cot\alpha_{1n}$	$(36)\cdot(38)$
(40)	$\cot\alpha_{1n}$	$(35)-(39)$
(41)	c_{u1n}/a_2	$(34)\cdot(40)$
(42)	$\eta_{Le\,kr}$	Abgelesen für (35) aus einem Kurvenblatt entsprechend Abb. 23
(43)	$\eta_{Le}/\eta_{Le\,kr}$	Abgelesen für (37) aus Abb. 16
(44)	η_{Le}	$(42)\cdot(43)$
(45)	$H_{th\,Le}\dfrac{a_2^2}{2\cdot g}$	$(33)^2 - (41)^2 + \dfrac{(12)^2}{(27)} - (34)^2$
(46)	$H_{ad\,Le}\dfrac{a_2^2}{2\cdot g}$	$(44)\cdot(45)$
(47)	p_{1n}/p_2	$\left[1 + \dfrac{k-1}{2}\cdot(46)\right]^{\frac{k}{k-1}}$
(48)	p_{1n}/p_E	$(26)\cdot(47)$
(49)	T_{1n}/T_2	$1 + \dfrac{k-1}{2}\cdot(45)$
(50)	T_{1n}/T_E	$(28)\cdot(49)$
(51)	ϱ_{1n}/ϱ_E	$(48)/(50)$
(52)	$c_{ax\,1n}/a_{1n}$	$\dfrac{(5)}{(2)_n\cdot(51)\cdot\sqrt{(50)}}$
(53)	$H_{i\,Stufe}\Big/\dfrac{a_E^2}{2\cdot g}$	$2\cdot(10)\cdot\left[(9)-(33)\cdot\sqrt{(27)}\right]\cdot(7)$

Leitradaustrittsfläche die Kreisringfläche $F_{ax\,1I}$ vor dem ersten Laufrad und einen entsprechend besseren Geschwindigkeitsbeiwert. Damit ist der statische Zustand (p_{1I}, T_{1I}) vor dem ersten Laufrad bekannt und wir können in Tab. 2.5/1 eingehen.

In dieser Tabelle weisen die Indizes v bzw. n darauf hin, daß die betreffenden Werte von der vorhergehenden bzw. nachfolgenden Stufe zu nehmen sind. Die eingeklammerten Zahlen in den Gleichungen der Spalte *Berechnung* bedeuten die Zahlenwerte der ebenso bezeichneten Tabellenzeile. Sämtliche in *einem* Geschwindigkeitsdreieck vorkommenden Geschwindigkeiten sind im selben Maßstab zu messen; sie wurden dementsprechend alle für das Eintrittsdreieck auf die Schallgeschwindigkeit a_1, für das Austrittsdreieck auf die Schallgeschwindigkeit a_2 bezogen. Für die Berechnung der in jedem Lauf- bzw. Leitschaufelgitter erzielten Umlenkungen usw. wird jeweils mit dem arithmetischen Mittelwert der Axialgeschwindigkeiten vor bzw. nach dem betrachteten Gitter gerechnet, vgl. Zeilen (12) und (34). Da die Axialgeschwindigkeit nach dem Gitter anfangs nicht bekannt ist, wird der Mittelwert zunächst geschätzt und nach Durchrechnung der Stufe der geschätzte Wert überprüft. Sollten sich hierbei größere Differenzen herausstellen, ist die Rechnung der Stufe mit einem verbesserten Mittelwert zu wiederholen. Die Schätzung des Mittelwertes der Axialgeschwindigkeit bereitet im allgemeinen nur bei der ersten Stufe gewisse Schwierigkeiten. Für die weiteren Stufen bietet der Verlauf der Axialgeschwindigkeit in den vorhergehenden Stufen meist ausreichende Anhaltspunkte, um den Mittelwert bei der ersten Schätzung mit ausreichender Genauigkeit (1 bis 2%) anzunehmen. Die Änderungen der Mittelwerte der Axialgeschwindigkeiten von Schaufelkranz zu Schaufelkranz werden in den Zeilen (23) und (45) berücksichtigt. Für die erste Stufe ist in Zeile (23) anstelle des Wertes $(34)_v^2 \cdot (28)_v/(7)$ der Wert $(8)^2$ einzusetzen. Ferner wird zur Vereinfachung der Rechnung in jedem Laufkranz mit dem arithmetischen Mittelwert des mittleren Durchmessers vor und hinter dem Schaufelkranz gearbeitet, vgl. Zeile (1).

Die Rechnung nach Tab. 2.5/1 versagt, wenn in einem der Schaufelgitter die Umlenkung Null wird, da dann η_{La} bzw. η_{Le} unendlich werden. Sollte dies eintreten, so muß die Berechnung statt wie in Tab. 2.5/1 mit η_{La} bzw. η_{Le} mit den Verlusten in den Schaufelgittern durchgeführt werden. Dieser Fall ist aber selten geworden, da heute Axialverdichter aus Wirkungsgradgründen meist auf dem mittleren Durchmesser mit einem Reaktionsgrad von etwa 0,5 ausgelegt werden.

Ein etwa dem Verdichter nachgeschalteter Diffusor ist als Leitrad mit axialem Ein- und Austritt zu rechnen. Der Gesamtzustand am Austritt des Verdichters (Index A) wird durch Aufstauen der Austrittsgeschwindigkeit berechnet, was mit Hilfe der Gln. (1.2/12) und (1.2/11) geschieht.

Zuerst berechnet man jenen Kennfeldpunkt, der dem bekannten Auslegungszustand des Verdichters entspricht. Kleine, sich durch die Vernachlässigungen der Kennfeldrechnung gegenüber der Auslegungsberechnung ergebende Unterschiede müssen durch geeignete Korrekturen ausgeglichen und so die beiden Rechnungen zur Übereinstimmung gebracht werden. Dabei ist folgender Effekt zu beachten:

Infolge der Grenzschichten am Verdichtergehäuse und -Läufer sind die Axialgeschwindigkeiten in den Verdichterstufen über der Schaufelhöhe ungleichmäßig verteilt. Über einem großen Teil in der Mitte der Schaufelhöhe werden die aus Gl. (2.4/2) (also ohne Grenzschichten am Verdichtergehäuse und -Läufer) gerechneten Axialgeschwindigkeiten überschritten, an den Schaufelenden unterschritten. Die Übergeschwindigkeiten im mittleren Teil der Schaufelhöhe ergeben dort eine Anstellwinkelverkleinerung. Auf die Kennlinie der Stufe wirkt sich das so aus, daß die wirklich erreichten Umlenkungen und damit Innenleistungszahlen ψ_i niedriger sind als die ohne Grenzschichten am Verdichtergehäuse und -Läufer gerechneten Werte derselben. Nach HOWELL berücksichtigt man diese Differenz am einfachsten durch einen Leistungsminderungsbeiwert:

$$\Omega = \frac{\text{tatsächliche Leistungsaufnahme}}{\text{gerechnete Leistungsaufnahme}} \qquad (2.5/2)$$

so daß man anstelle G.l (2.4/4) erhält:

$$\psi_i = \Omega \cdot 2 \cdot \varphi \cdot (\cot \alpha_2 - \cot \alpha_1) \qquad (2.5/3)$$

Im Mittel kann nach [17] mit $\Omega = 0{,}85$ gerechnet werden. Genauere Werte von Ω in Abhängigkeit von der REYNOLDS-Zahl für Verdichter mit einem

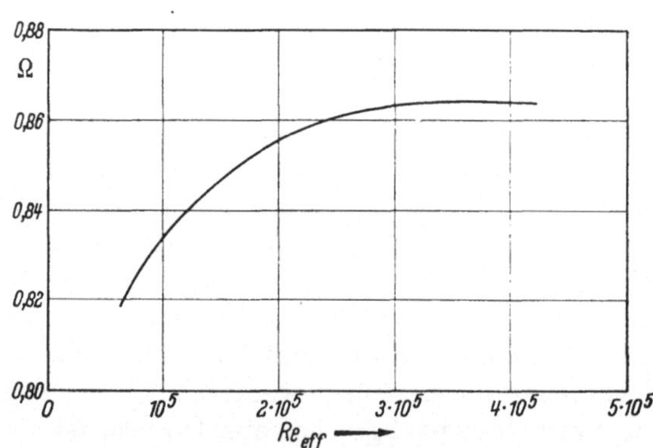

Abb. 25. Leistungsminderungsbeiwert in Abhängigkeit von der REYNOLDS-Zahl [17]

Radialspiel im kalten Zustand von etwa 1% der Schaufelhöhe zeigt Abb. 25. Meist wird man einfachheitshalber für alle Stufen des Verdichters ein und denselben Wert von Ω annehmen. Daß dies wegen der zunehmenden Verformung des Geschwindigkeitsprofils über der Schaufelhöhe mit Fortschreiten vom Verdichtereintritt zum Verdichteraustritt nicht den Tatsachen entspricht, zeigt Abb. 26 [38].

In der Kennfeldberechnung nach Tab. 2.5/1 ist dieser Effekt zunächst nicht berücksichtigt. Will man dem eben beschriebenen Vorgehen Ho-WELLS folgen, so hat man nach Durchrechnung jeder Stufe den Wert

von Zeile (53) durch Multiplikation mit Ω herabzusetzen, was auch eine geringere Temperatursteigerung in der Stufe ergibt. Dasselbe gilt für die isentrope Stufenförderhöhe, die hierfür aus p_{1n}/p_1 zu berechnen ist, woraus sich wieder ein neuer, reduzierter Wert von p_{1n}/p_1 ergibt. Damit ändern sich dann auch die Werte (51) und (52), was auch bei der Überprüfung der Werte (12) und (34) zu berücksichtigen ist.

Der einfachere und dabei den physikalischen Gegebenheiten besser gerecht werdende Weg ist jedoch, bei Berechnung der Werte (2) und (3) Kontraktionsbeiwerte in Anwendung zu bringen, die die Verdrängungsdicken der Grenzschichten an Verdichtergehäuse und -läufer berücksichtigen. Sie sind so zu wählen, daß — wie oben erwähnt — der Auslegungszustand des Verdichters durch den entsprechenden Kennfeldpunkt korrekt wiedergegeben wird.

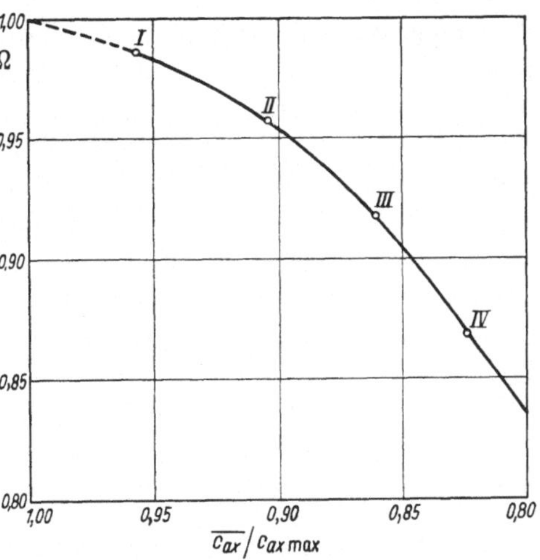

Abb. 26. In den einzelnen Stufen eines mehrstufigen Axialverdichters gemessener Verlauf des Leistungsminderungsbeiwertes [38]

$\overline{c_{ax}}$ = Mittelwert der Axialkomponente der Strömungsgeschwindigkeit über der Schaufelhöhe; $c_{ax\,max}$ = Maximalwert dieser Axialkomponente, bedingt durch die Grenzschichten an Verdichtergehäuse und -läufer; die römischen Zahlen bezeichnen die Stufen des Verdichters

2.6 Die Berechnung des Kennfeldes eines mehrstufigen Verdichters

Da sich alle Stufen eines Verdichters im allgemeinen von vorne nach hinten hin systematisch verändern, begnügt man sich vielfach damit, die Kennlinien einiger weniger Stufen (z. B. der ersten und letzten) wirklich zu berechnen. Die übrigen Stufenkennlinien bestimmt man dann durch Interpolation. Für viele Zwecke reicht es sogar aus, eine einzige typische Stufenkennlinie zu berechnen und diese für alle Stufen unverändert anzuwenden. Sollte dieses Verfahren zu grob sein, so kann man die gerechnete Stufenkennlinie als ψ/ψ_{opt} und η/η_{opt} über φ/φ_{opt} darstellen und dann entsprechend den Werten ψ_{opt}, η_{opt} und φ_{opt} der einzelnen Stufen umrechnen. Der Index opt bezieht sich dabei auf den

Kennlinienpunkt besten Stufenwirkungsgrades. Dieses Verfahren setzt voraus, daß in keiner Stufe die kritische MACH-Zahl (wesentlich) überschritten wird.

Im folgenden wird nach U. SENGER [28] gezeigt, wie man das Kennfeld eines mehrstufigen Verdichters aus den Kennlinien der Einzelstufen aufbaut. Die Stufenkennlinien müssen dazu für alle interessierenden Drehzahlen $n/\sqrt{T_E}$ vorliegen. Solange die Kompressibilitätseinflüsse keine merkliche Rolle spielen und vom Einfluß der REYNOLDS-Zahl Re'_E abgesehen wird, können die Stufenkennlinien mit ausreichender Näherung nach den Ähnlichkeitsgesetzen auf andere Drehzahlen $n/\sqrt{T_E}$ umgerechnet werden $\left(\text{Volumendurchsatz } \dot{V}_E/\sqrt{T_E} \text{ proportional } n/\sqrt{T_E} \text{ und}\right.$ Förderhöhe H/T_E proportional $\left.(n/\sqrt{T_E})^2\right)$. Der Einfluß der Zuströmrichtung der Absolutgeschwindigkeit zur Einzelstufe auf deren Kennlinie wird bei der hier beschriebenen Methode vernachlässigt.

Um zunächst einen einfachen Fall zu betrachten, werde die Verdichterdrehzahl $n/\sqrt{T_E}$ konstant angenommen und vorausgesetzt, daß alle hintereinandergeschalteten Verdichterstufen die gleiche Kennlinie besitzen und im Nennpunkt des Verdichters alle im selben Punkt dieser Kennlinie arbeiten. Setzt man nun vorläufig noch derartige Zwischenkühlungen [1] voraus, daß vor jeder Stufe die gleiche Ansaugetemperatur herrscht, so folgt, daß das Druckverhältnis in allen Stufen im Nennpunkt gleich ist. Bei Abweichungen vom Nennwert des Fördervolumens gilt dies jedoch nicht mehr. Bei größerer Menge ist die Druckerzeugung in den vorhergehenden Stufen kleiner als im Nennpunkt, so daß z. B. die zweite Stufe weniger stark verdichtetes Gas, also ein relativ größeres Fördervolumen als die erste Stufe erhält. Dadurch sinkt die Drucksteigerung in

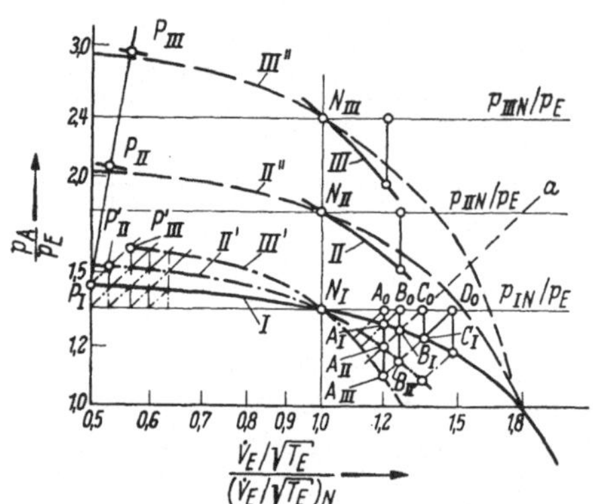

Abb. 27. Aufbau der Kennlinie konstanter Drehzahl für einen dreistufigen Verdichter mit Zwischenkühlungen aus der Stufenkennlinie [28]

———— Kennlinien nach den einzelnen Stufen des Verdichters bei inkompressiblem Strömungsmittel

—·—·— Stufenkennlinien mit Berücksichtigung der Kompressibilität des geförderten Mittels, aufgetragen über dem Ansaugvolumen der *ersten* Stufe

———— Kennlinien nach den einzelnen Stufen des Verdichters bei kompressiblem Strömungsmittel Erklärung der einzelnen Punkte im Text

der zweiten Stufe stärker ab als in der ersten und die dritte Stufe erhält ein Fördervolumen, das eine noch stärkere Abweichung vom

---

[1] Der Druckverlust des Zwischenkühlers sei in der Kennlinie der zugehörigen Stufe berücksichtigt.

Nennwert des Fördervolumens hat. In Abb. 27 ist dies dargestellt, wobei für das Druckverhältnis und Fördervolumen logarithmische Maßstäbe verwendet wurden. Dies hat zunächst den Vorzug, daß das Druckverhältnis des Gesamtverdichters, das das Produkt der Druckverhältnisse der Einzelstufen ist, als Summe der logarithmisch dargestellten Stufendruckverhältnisse erscheint. Ferner kann man in dieser Darstellung die Abhängigkeit der Fördervolumina vor den einzelnen Stufen (also hinter den Zwischenkühlern der Vorstufen) vom Druck durch gerade Linien a darstellen, die bei gleichen Maßstäben für Abszisse und Ordinate 45° geneigt sind. Damit werden die Verschiebungen der Fördervolumina und der Drücke vor den einzelnen Stufen bei Änderung des Ansaugevolumens der ersten Stufe in einfacher und anschaulicher Weise wiedergegeben.

Die Punkte N_I, N_{II} und N_{III} sind in Abb. 27 jeweils die Nennpunkte hinter den einzelnen Stufen. Die mit I bezeichnete Kennlinie der Stufe I stellt gleichzeitig die Kennlinie für alle anderen Einzelstufen dar. Die mit II″ und III″ bezeichneten gestrichelten Linien würden den Druck hinter diesen Stufen darstellen, wenn sich ihre Ansaugevolumina im gleichen Verhältnis wie das der Stufe I ändern würden. Da dies aber wegen der Kompressibilität des geförderten Mittels nicht zutrifft, ergeben sich folgende Verschiebungen: z. B. ist in Punkt A_0 die Druckerzeugung von Stufe I um die Strecke $A_0 - A_I$ kleiner als im Nennpunkt N_I. Wegen der angenommenen Zwischenkühlungen ergibt sich zwischen den Ansaugevolumina der einzelnen Stufen und den Drücken vor den Stufen ein isothermer Zusammenhang. Das Ansaugevolumen von Stufe II wird also im selben Verhältnis vergrößert, in dem sich die Drucksteigerung der ersten Stufe vermindert. In der logarithmischen Darstellung ist dementsprechend die Strecke $A_0 - B_0$ gleich der Strecke $A_0 - A_I$ zu machen, wodurch man in B_0 das Ansaugevolumen von Stufe II erhält, das dem Ansaugevolumen A_0 von Stufe I entspricht. Der in Stufe II erzeugte Druckanstieg ist um $B_0 - B_I = B_0 - C_0$ kleiner als im Nennpunkt N_I und der Druck nach Stufe II daher um $A_0 - C_0$ $= (A_0 - A_I) + (B_0 - B_I)$ kleiner als in N_I. Um also die Abweichung des Druckes hinter Stufe II, d. h. vor Stufe III, beim Ansaugevolumen A_0 des Gesamtverdichters von derjenigen im Nennpunkt zu ermitteln, trägt man nach unten die Strecke $A_0 - A_{II} = A_0 - C_0$ ab. Dies geschieht am einfachsten dadurch, daß man durch den Punkt A_I eine Linie unter 45° legt, die die Waagerechte p_{IN}/p_E in B_0 schneidet. Durch den zu B_0 gehörigen Punkt B_I auf der Kennlinie legt man wieder eine Gerade unter 45° bis C_0, von C_I eine solche bis D_0 usw. Auf der Senkrechten durch A_0 schneiden diese 45°-Geraden die Punkte A_I, A_{II} und A_{III} ab, in deren Abstand von A_0 man die Abweichungen für die Stufe I bzw. II bzw. III vom Nenndruckverhältnis p_{IN}/p_E bzw. p_{IIN}/p_E bzw. p_{IIIN}/p_E erkennt. Betrachtet man nun Punkt B_0 als Ansaugevolumen von Stufe I, so können in gleicher Weise die Punkte B_{II} und B_{III} für die Stufe II und III ermittelt werden. Man trägt diese Strecken jeweils von der Waagerechten $p_{II\,N}/p_E$ bzw. $p_{III\,N}/p_E$ aus in vertikaler Richtung ab und erhält so den Druck nach Stufe II bzw. III in Abhängigkeit von der Ansaugemenge des Verdichters (bzw. der Stufe I). Diese richtigen Druckvolumenkurven II bzw. III sind in Abb. 27 aus Gründen der Übersichtlichkeit nur auf kurzen Strecken ausgezogen dargestellt.

Links vom Nennpunkt führt der Anstieg der Stufenkennlinie über das Nenndruckverhältnis dazu, daß die nächsten Stufen kleinere Fördervolumina erhalten als die erste, da das Gas stärker vorverdichtet wird als im Nennpunkt. Die Pumpgrenze rückt also mit jeder weiteren nachgeschalteten Stufe immer näher an den Nennpunkt N heran. In Abb. 27 sind die Pumpgrenzen der Stufen II und III in gleicher Weise wie vorher ermittelt. Man sieht, daß die Punkte P'_{II} und P'_{III}, bzw. die ihnen entsprechenden Pumpgrenzen P_{II} und P_{III} mit zunehmender Stufenzahl zum Nennpunkt zu rücken.

Abb. 28 zeigt die so erhaltenen Kennlinien für einen siebenstufigen Verdichter mit isothermer Verdichtung und gleichen Stufendruckverhältnissen im Nennpunkt, wobei wieder gleiche Stufenkennlinien vorausgesetzt wurden. Die Kennlinien werden immer steiler, je größer die Stufenzahl ist. Mit zunehmender Stufenzahl überschneiden die Kennlinien rechts vom Nennpunkt die zu niedrigeren Stufenzahlen gehörenden, und der Punkt, für den die Drucksteigerung im Verdichter Null wird, rückt immer näher an den Nennpunkt heran. Die Kennlinie des gesamten siebenstufigen Verdichters wird von einer bestimmten Fördermenge ab fast senkrecht. Die Pumpgrenze rückt, wie schon erwähnt, immer mehr an den Nennpunkt nach rechts heran. Der stabile Arbeitsbereich zwischen Pumpgrenze und Höchstmenge

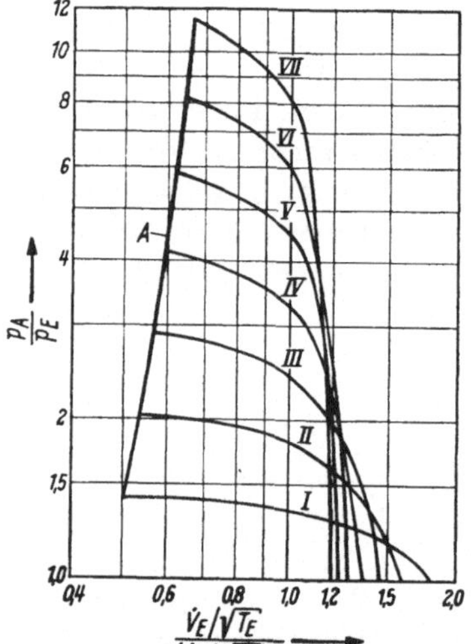

Abb. 28. Kennlinien konstanter Drehzahl nach den einzelnen Stufen eines siebenstufigen Verdichters mit Zwischenkühlungen [28]

$I \cdots VII$ = Kennlinien nach den Stufen I bis VII; A = Verbindungslinie der Pumpgrenzen nach den Stufen I bis VII

(entsprechend der Druckerhöhung Null im Verdichter) wird also immer enger, je höher die Stufenzahl bzw. das Druckverhältnis des Gesamtverdichters ist. Das Maß der Verengung des Arbeitsgebietes hängt von der Steilheit der Stufenkennlinien ab. Würde z. B. die Stufenkennlinie zwischen Nennpunkt und Pumpgrenze waagerecht verlaufen, so lägen alle Pumpgrenzpunkte bei gleichem Ansaugevolumen übereinander. Für vielstufige Verdichter ist daher eine möglichst flache Stufenkennlinie anzustreben.

Die Änderung der Verdichterkennlinien bei Drehzahländerungen zeigt Abb. 29. Während bei inkompressiblem Fördermittel (Pumpen) auch für mehrstufige Maschinen die Ähnlichkeitsgesetze (Fördermenge proportional der ersten und Förderhöhe proportional der zweiten Potenz der Drehzahl) gelten, ist dies bei kompressiblem Mittel (Verdichter) nicht mehr der Fall. Die Ursache hierfür ist die zusätzliche Beeinflussung der Fördervolumina der späteren Stufen durch die Vorverdichtung in den vorhergehenden Stufen. Nach den Ähnlichkeitsgesetzen müßte z. B. die Pumpgrenze des siebenstufigen Verdichters nach Kurve A verlaufen, die ausgehend von der Pumpgrenze des Gesamtverdichters beim Nenndruckverhältnis 8 gezeichnet wurde. Nach der vorher beschriebenen Methode erhält man jedoch hierfür den geknickten Linienzug $B_1 - B_2$. Zur Bestimmung derselben gehen wir von der nach den Ähnlichkeitsgesetzen erhaltenen Kurve H aus, die die Pumpgrenze einer Einzelstufe in Abhängigkeit von der Drehzahl darstellt[1]. Sie geht

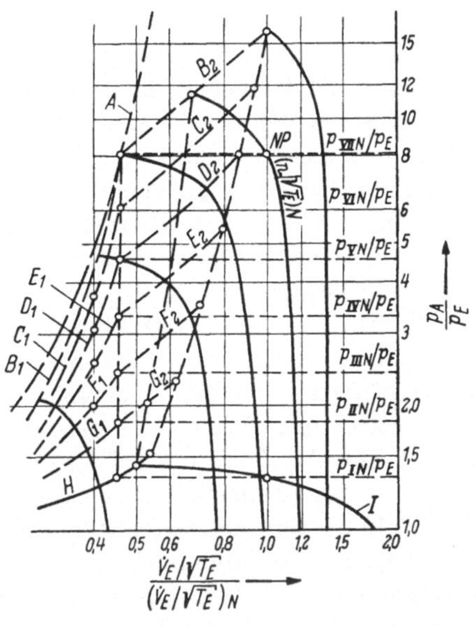

Abb. 29. Kennlinien eines siebenstufigen Verdichters mit ¸Zwischenkühlungen bei verschiedenen Drehzahlen [28]

A Pumpgrenze, wie sie sich bei der Umrechnung nach den Ähnlichkeitsgesetzen ergeben würde; $B_1 - B_2$ wahre Pumpgrenze des gesamten Verdichters; Bereich B_1 bedingt durch die erste Stufe, Bereich B_2 bedingt durch die letzte Stufe des Verdichters; $C_1 - C_2$ bis $G_1 - G_2$ Pumpgrenze nach den verschiedenen Stufen des Verdichters; H Pumpgrenze der ersten Stufe; I Kennlinie der ersten Stufe bei Nenndrehzahl, gleichzeitig Stufenkennlinie aller anderen Stufen

durch den Pumppunkt der gezeichneten Stufenkennlinie für Nenndrehzahl. Mit zunehmender Stufenzahl verschiebt sich die Pumpgrenze in der eingezeichneten Weise immer mehr (Linien $G_1 - G_2$ bis $B_1 - B_2$), bis sich die Pumpgrenze des siebenstufigen Verdichters gemäß Kurvenzug $B_1 - B_2$ ergibt. Man sieht einen deutlichen Knickpunkt, der genau über der Pumpgrenze von Stufe I für jene Drehzahl liegt, bei der in dieser Stufe an der Pumpgrenze gerade das Druckverhältnis des Nenn-

---

[1] Für die Einzelstufe sind die Ähnlichkeitsgesetze bei geringen Drucksteigerungen in den Stufen und Vernachlässigung des Einflusses der REYNOLDS-Zahl Re'_E mit ausreichender Genauigkeit anwendbar.

zustandes erzeugt wird. Bei dieser Drehzahl erzeugen gemäß Voraussetzung alle Stufen das gleiche Druckverhältnis entsprechend dem Nenn-Stufendruckverhältnis, für das ja ihre Querschnitte abgestuft sind. Bei kleiner werdender Drehzahl liegt die tatsächliche Pumpgrenze unter der Kurve A, da dann die Vorverdichtung in den ersten Stufen nicht mehr so groß ist, wie der Querschnittsabstufung der Verdichterstufen zugrunde gelegt war, so daß die späteren Stufen verhältnismäßig größere Fördervolumina verarbeiten, also weiter von ihrer Pumpgrenze ab liegen als die erste. Im Gebiet B_1 kommt also Stufe I zuerst ins Pumpen. Oberhalb dieses Knickpunktes dagegen ist die Drucksteigerung in jeder Stufe größer als im Nennpunkt; die späteren Stufen nähern sich daher bei Verminderung des Ansaugevolumens des Verdichters schneller ihrer Pumpgrenze, als die vorhergehenden. Entsprechend weicht die Pumpgrenze B_2, die hier durch die letzte Stufe VII bedingt ist, mit steigender Drehzahl immer stärker von der Kurve A nach rechts ab. Dieser Knick der Pumpgrenze bei Drehzahländerung ist bei praktischen Ausführungen vielfach verwischt, da die Voraussetzung gleichen Nennpunktes für alle Stufen meist nicht genau eingehalten ist. Er kann z. B. dazu führen, daß beim Hochfahren eines Verdichters der auf eine konstante druckseitige Durchflußöffnung arbeitet, zwei Pumpgebiete auftreten. Dabei beginnen bei zu kleiner Drehzahl die vorderen Stufen und bei zu hoher Drehzahl die letzten Stufen zu pumpen.

Die Kennlinien münden in die Pumpgrenze am flachsten in der Gegend des Knickes der Pumpgrenze ein; mit zunehmender Entfernung von diesem Knick wird die Neigung der Kennlinien im Pumppunkt immer größer, da sich die nicht pumpenden Stufen immer weiter von ihrer Pumpgrenze entfernen. Auch für die anderen Punkte der Verdichterkennlinien sind die Umrechnungsverfahren nach den Ähnlichkeitsgesetzen für vielstufige Verdichter ebensowenig gültig. Dies zeigt sich am deutlichsten für die Höchstmengen entsprechend Drucksteigerung Null.

Sind zwischen den einzelnen Verdichterstufen keine Zwischenkühler vorhanden, so hängen die Ansaugevolumen der einzelnen Stufen untereinander nicht mehr über das Gesetz der Isotherme zusammen. In erster Näherung wird man dann oft mit einem polytropen Zusammenhang rechnen können, wobei der Polytropenexponent entsprechend zu wählen ist, z. B. gleich dem aus der Verdichterauslegung erhaltenen Wert. In der oben beschriebenen Methode sind dann die 45°-Geraden durch Geraden zu ersetzen, deren Neigung durch den Polytropenexponenten bestimmt wird.

Im allgemeinen Fall, wenn auch die Annäherung durch eine Polytrope nicht mehr genügt, werden die Ansaugevolumina von Stufe zu Stufe entsprechend den in der vorhergehenden Stufe erzielten Druck- und Temperatursteigerungen nach der Gasgleichung umgerechnet.

2.7 Das Kennfeld eines Verdichters unendlicher Stufenzahl

Wir setzen für die folgenden Betrachtungen voraus, daß alle Stufen dieselbe Kennlinie besitzen und im Nennpunkt des Verdichters (Index N) im selben Kennlinienpunkt arbeiten. Die Umfangsgeschwindigkeit auf dem Bezugsdurchmesser sei in allen Stufen gleich groß. Der Einfluß der Richtung der in die Stufe eintretenden Strömung auf deren Kennlinie wird vernachlässigt. Zur Vereinfachung der Darstellungen wird ferner vorausgesetzt, daß Druck und Temperatur am Verdichtereintritt unverändert bleiben.

Da die Axialverdichter wegen der geringen Stufenförderhöhen in der Regel ziemlich viele Stufen besitzen, wird nach F. SALZMANN [29] der Grenzfall unendlich großer Stufenzahl betrachtet. Für die Berechnung des Zustandes des Fördermittels am Verdichteraustritt kann dann die Summierung der Zustandsänderungen in den Einzelstufen durch eine Integration ersetzt werden.

Die der Berechnung zugrunde gelegte Kennlinie der Einzelstufen liege in der Form:

$$\frac{\psi}{\psi_N} = \Psi\left(\frac{\varphi}{\varphi_N}\right) \tag{2.7/1}$$

vor, wobei für $\varphi/\varphi_N = 1$ auch $\psi/\psi_N = 1$ und damit $\Psi(1) = 1$ wird ($\varphi = $ Durchsatzzahl, $\psi = $ Druckzahl der Stufe). Bezeichnet x die Anzahl der vom Verdichtereintritt an vom Fördermittel durchlaufenen Stufen, so entspricht jeder Stufe ein $\Delta x = 1$. Damit kann für den Druckanstieg je Stufe geschrieben werden:

$$\frac{\Delta p}{\Delta x} = \psi \cdot \frac{\varrho}{2} \cdot u^2 \tag{2.7/2}$$

Bei Übergang zu unendlicher Stufenzahl, also kontinuierlicher Veränderung von x, erhält man daraus mit Bezugnahme auf die Werte des Nennpunktes des Verdichters:

$$\frac{dp}{dx} = \psi_N \cdot \Psi\left(\frac{\varphi}{\varphi_N}\right) \cdot \frac{\varrho_N}{2} \cdot u_N^2 \cdot \frac{\varrho}{\varrho_N} \cdot \left(\frac{u}{u_N}\right)^2 \tag{2.7/3}$$

Wir setzen nun:

$$\frac{\dot{m}}{\dot{m}_N} = \mu_* \qquad \frac{p(x)}{p_N(x)} = \chi_*(x) \qquad \frac{u}{u_N} = \xi_* \tag{2.7/4}$$

($\dot{m} = $ Massendurchsatz des Verdichters, $p(x) = $ Druck an der Stelle x im Verdichter, $u = $ Umfangsgeschwindigkeit). Dabei ist zu beachten, daß sowohl p als auch p_N von der bis zum betrachteten Ort im Verdichter durchlaufenen Stufenzahl x abhängen. Für die Zustandsänderungen des Fördermittels nehmen wir (unter Vernachlässigung der Wirkungsgradänderungen der Stufen für die verschiedenen Betriebszustände des Verdichters) eine Polytrope $p/\varrho^n = \text{konst}$, also $\varrho/\varrho_N = \chi_*^{1/n}$ an. Damit erhält man:

$$\frac{\varphi}{\varphi_N} = \frac{c_{ax}/c_{axN}}{u/u_N} = \frac{\dot{m}/\dot{m}_N}{(\varrho/\varrho_N)\cdot(u/u_N)} = \frac{\mu_*}{\chi_*^{1/n}\cdot\xi_*} \qquad (2.7/5)$$

und unter Beachtung, daß in $p = \chi_*\cdot p_N$ sowohl χ_* als auch p_N von x abhängen, aus Gl. (2.7/3):

$$\chi_*\cdot\frac{dp_N}{dx} + p_N\cdot\frac{d\chi_*}{dx} = \psi_N\cdot\frac{\varrho_N}{2}\cdot u_N^2\cdot\chi_*^{1/n}\cdot\xi_*^2\cdot\Psi\left(\frac{\mu_*}{\chi_*^{1/n}\cdot\xi_*}\right) \qquad (2.7/6)$$

worin die Schreibweise $\Psi\left(\dfrac{\mu_*}{\chi_*^{1/n}\cdot\xi_*}\right)$ darauf hinweist, daß Ψ eine Funktion von $\mu_*/\chi_*^{1/n}\cdot\xi_*$ ist. Für den Nennpunkt des Verdichters folgt daraus mit $\mu_* = \chi_* = \xi_* = 1$ und $\Psi(1) = 1$:

$$\frac{dp_N}{dx} = \psi_N\cdot\frac{\varrho_N}{2}\cdot u_N^2 \qquad (2.7/7)$$

Diese Differentialgleichung liefert integriert den Druckverlauf $p_N(x)$ im Verdichter für den Nennpunkt. Es besteht also zwischen p_N und x ein fester Zusammenhang, so daß man in Gl. (2.7/6) die unabhängige Veränderliche x mittels Gl. (2.7/7) durch die Veränderliche p_N ersetzen kann:

$$\frac{d\chi_*}{\chi_*^{1/n}\cdot\xi_*^2\cdot\Psi\left(\dfrac{\mu_*}{\chi_*^{1/n}\cdot\xi_*}\right) - \chi_*} = \frac{dp_N}{p_N} \qquad (2.7/8)$$

Dies ist eine Differentialgleichung für χ_* mit den frei wählbaren Parametern μ_* und ξ_* (Verdichterdurchsatz und Verdichterdrehzahl), die integriert ergibt:

$$\int\limits_{\chi_{*E}=1}^{\chi_{*A}}\frac{d\chi_*}{\chi_*^{1/n}\cdot\xi_*^2\cdot\Psi\left(\dfrac{\mu_*}{\chi_*^{1/n}\cdot\xi_*}\right) - \chi_*} = \ln\frac{p_{AN}}{p_{EN}} \qquad (2.7/9)$$

wobei die Indizes E bzw. A die Werte für den Verdichterein- bzw. austritt bezeichnen. p_{AN}/p_{EN} ist das Nenndruckverhältnis des Verdichters und somit bekannt. Aus Gl. (2.7/9) ist also χ_{*A} so zu bestimmen, daß der Integralwert gleich $\ln(p_{AN}/p_{EN})$ wird. Bei allgemeinen Formen der Stufenkennlinien Ψ wird man für die Lösung von Gl. (2.7/9) das Integral für die verschiedenen Werte der Parameter μ_* und ξ_* jeweils graphisch auswerten. Ist für Ψ eine analytische Funktion bekannt, so kann das Integral eventuell in geschlossener Form oder als Potenzreihe berechnet werden.

Für ein Berechnungsbeispiel nehmen wir die in Abb. 30 gezeigte Stufenkennlinie an. Sie läßt sich im Bereich $0,6 \leq \dfrac{\varphi}{\varphi_N} \leq \sqrt[]{3}$ hinreichend genau durch folgende Parabel ersetzen:

$$\Psi\left(\frac{\varphi}{\varphi_N}\right) = 1{,}5 - 0{,}5\left(\frac{\varphi}{\varphi_N}\right)^2$$

wobei $\varphi/\varphi_N = \sqrt{3}$ dem Stufendurchsatz entspricht, für den die Druckerhöhung in der Stufe Null wird.

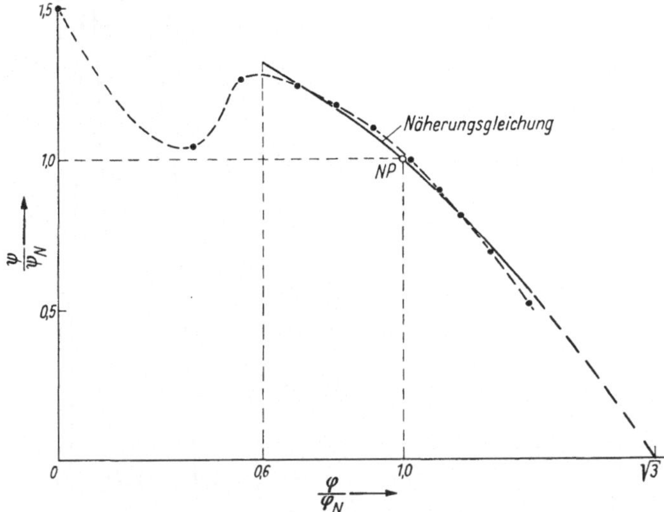

Abb. 30. Stufenkennlinie für das Berechnungsbeispiel [29]

Für einen Verdichter mit Zwischenkühlern, d. h. isothermem Zustandsverlauf im Verdichter ($n = 1$) erhält man dann:

$$\Psi\left(\frac{\mu_*}{\chi_*^{1/n}\cdot\xi_*}\right) = 1{,}5 - 0{,}5\cdot\left(\frac{\mu_*}{\chi_*\cdot\xi_*}\right)^2$$

und für Gl. (2.7/9):

$$\int\limits_{\chi_{*E}=1}^{\chi_{*A}}\frac{d\chi_*}{1{,}5\cdot\chi_*\cdot\xi_*^2 - 0{,}5\cdot\dfrac{\mu_*^2}{\chi_*} - \chi_*} = \int\limits_{\chi_{*E}=1}^{\chi_{*A}}\frac{2\cdot\chi_*\cdot d\chi_*}{(3\cdot\xi_*^2 - 2)\cdot\chi_*^2 - \mu_*^2} = \ln\left(\frac{p_{AN}}{p_{EN}}\right)$$

bzw. integriert:

$$\chi_{*A} = \sqrt{\left(\frac{p_{AN}}{p_{EN}}\right)^{3\cdot\xi_*^2-2} - \left[\left(\frac{p_{AN}}{p_{EN}}\right)^{3\cdot\xi_*^2-2} - 1\right]\cdot\frac{\mu_*^2}{3\cdot\xi_*^2 - 2}}$$

was als Druckverhältnis des gesamten Verdichters in einem beliebigen Arbeitspunkt ergibt:

$$\frac{p_A}{p_{EN}} = \chi_{*A}\cdot\frac{p_{AN}}{p_{EN}} = \frac{p_{AN}}{p_{EN}}\cdot\sqrt{\left(\frac{p_{AN}}{p_{EN}}\right)^{3\cdot\xi_*^2-2} - \left[\left(\frac{p_{AN}}{p_{EN}}\right)^{3\cdot\xi_*^2-2} - 1\right]\cdot\frac{\mu_*^2}{3\cdot\xi_*^2 - 2}}$$

Die durch diese Gleichung dargestellten Kennlinien des Gesamtverdichters sind hier Ellipsen. In Abb. 31 ist als Beispiel das so erhaltene Kennfeld für einen Verdichter mit dem Nenndruckverhältnis $p_{AN}/p_{EN} = 4$ gezeigt. In dieser Abbildung sind außer den Kennlinien $\xi_* = $ konst noch Linien eingetragen, die Punkte gleichen Betriebs-

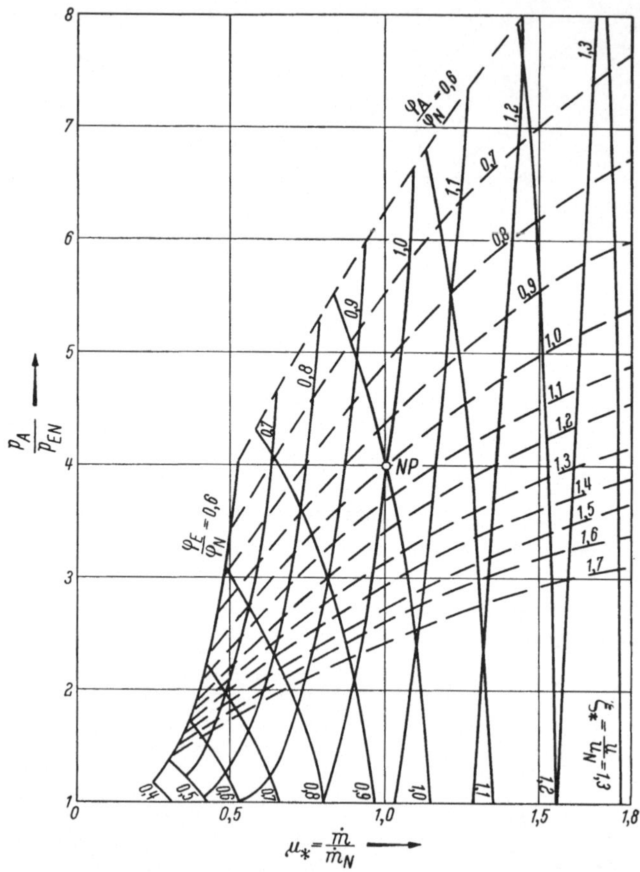

Abb. 31. Gerechnetes Kennfeld eines vielstufigen Verdichters *mit* Zwischenkühlungen [29]

zustandes der ersten Stufe ($\varphi_E/\varphi_N = $ konst) bzw. der letzten Stufe ($\varphi_A/\varphi_N = $ konst) verbinden. Da in der Stufenkennlinie die Pumpgrenze etwa $\varphi/\varphi_N = 0{,}6$ entspricht, stellen die Linien $\varphi_E/\varphi_N = 0{,}6$ bzw. $\varphi_A/\varphi_N = 0{,}6$ die Pumpgrenze des Gesamtverdichters dar. Wie in Abschn. 2.6 dargestellt, zeigt diese bei $p_A/p_{EN} = p_{AN}/p_{EN} = 4$ einen Knick. Bei den unter der Nenndrehzahl liegenden Drehzahlen kommt die erste Stufe, bei den darüber liegenden Drehzahlen die letzte Stufe zuerst an die Pumpgrenze. Mit wachsender Überschreitung des Wertes $\varphi_A/\varphi_N = \sqrt{3}$ arbeiten am Verdichterende immer mehr Stufen mit Druckabfall.

Als Grenzfall der polytropen Verdichtungsvorgänge soll nun noch die Rechnung für isentrope (adiabate) Verdichtung mit $n = k = 1{,}4$ (für Luft) wiederholt werden. Man erhält für Gl. (2.7/9):

$$\int\limits_{\chi_{*E}=1}^{\chi_{*A}} \frac{d\chi_*}{\dfrac{3}{2}\cdot\xi_*^2\cdot\chi_*^{1/n} - \dfrac{1}{2}\cdot\mu_*^2\cdot\chi_*^{-1/n} - \chi_*} = \ln\left(\frac{p_{AN}}{p_{EN}}\right) = \ln 4$$

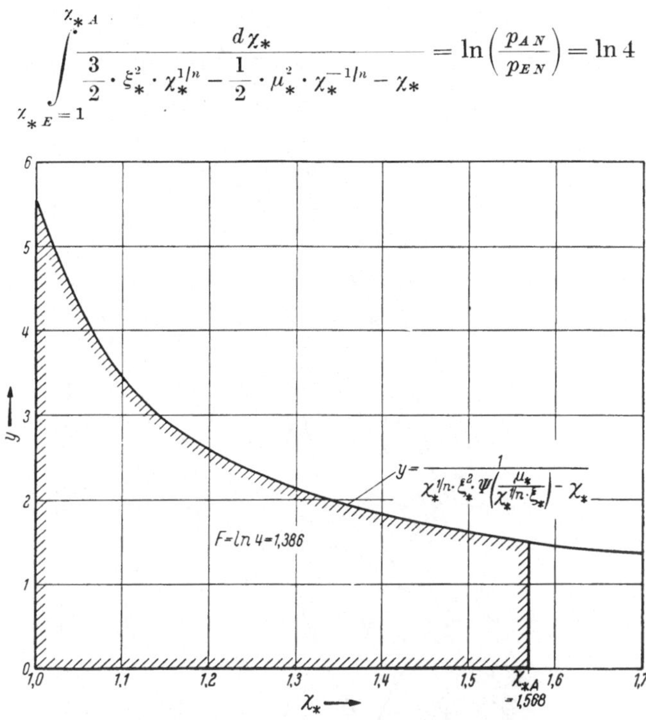

Abb. 32. Graphische Lösung von Gl. (2.7/9) [29]

Dieses Integral kann nur auf graphischem Wege ermittelt werden. Man trägt entsprechend Abb. 32 die Kurve des Integranden auf und sucht jenen Abszissenwert χ_{*A}, für den die Fläche unter der Kurve gleich $\ln 4 = 1{,}386$ wird. So erhält man das Kennfeld Abb. 33. Es unterscheidet sich vom isothermen Kennfeld Abb. 31 durch etwas flachere Kennlinien $\xi_* = $ konst.

In den Abb. 31 und 33 ist zu erkennen, daß mit sinkender Drehzahl sich die erste und letzte Stufe immer weiter vom Nennwert $\varphi/\varphi_N = 1$ entfernen, bis schließlich in Abb. 31 für die Drehzahlen $\xi_* < 0{,}5$ überhaupt kein Betriebspunkt mehr möglich ist, ohne daß die erste Stufe den Wert $\varphi/\varphi_N = 0{,}6$ (Pumpgrenze) unterschreitet oder die letzte Stufe den Wert $\varphi/\varphi_N = \sqrt{3}$ (Stufendruckverhältnis Null) überschreitet.

Um den Druckverlauf im Verdichter studieren zu können, muß zunächst der Zusammenhang von p_N und x ermittelt werden. Durch Inte-

4*

gration der Gl. (2.7/7) zwischen dem Verdichtereintritt $x_E = 0$ und dem Verdichterende x_A ($x_A =$ Gesamtstufenzahl des Verdichters) erhält man

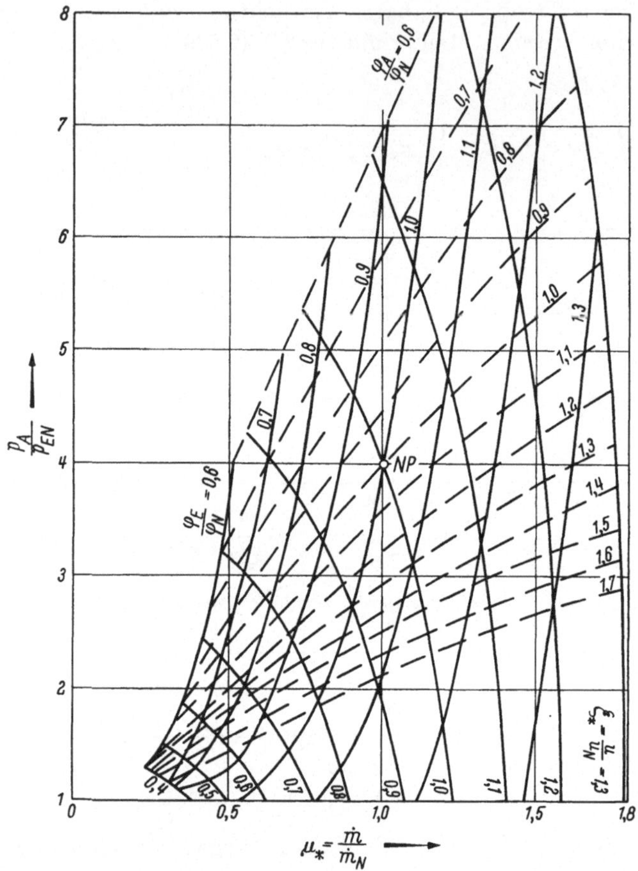

Abb. 33. Gerechnetes Kennfeld eines vielstufigen Verdichters *ohne* Zwischenkühlungen für den Grenzfall isentroper Verdichtung [*29*]

für polytrope Zustandsänderung:

$$\frac{n-1}{n} \cdot \psi_N \cdot \frac{\varrho_{EN}}{2} \cdot u_N^2 \cdot x = p_{EN} \cdot \left\{ \left(\frac{p_N}{p_{EN}} \right)^{\frac{n-1}{n}} - 1 \right\} \qquad (2.7/10)$$

wobei für $x = x_A$ $p_N = p_{AN}$ werden muß, so daß man erhält:

$$x = x_A \cdot \frac{\left(\dfrac{p_N}{p_{EN}} \right)^{\frac{n-1}{n}} - 1}{\left(\dfrac{p_{AN}}{p_{EN}} \right)^{\frac{n-1}{n}} - 1} \qquad (2.7/11)$$

Für isothermen Zustandsverlauf im Verdichter erhält man entsprechend:

$$x = x_A \cdot \frac{\ln\left(\dfrac{p_N}{p_{EN}}\right)}{\ln\left(\dfrac{p_{AN}}{p_{EN}}\right)} \qquad (2.7/12)$$

Den Druckverlauf für die vom Nennzustand abweichenden Betriebszustände des Verdichters erhält man nun dadurch, daß man in Gl. (2.7/9) das Integral statt bis χ_{*A} nur bis zu verschiedenen Werten $\chi_* < \chi_{*A}$ erstreckt und damit die entsprechenden Werte p_N/p_{EN} ermittelt. Die zu diesen p_N/p_{EN} gehörigen Stellen x im Verdichter erhält man mittels Gl. (2.7/11) bzw. (2.7/12).

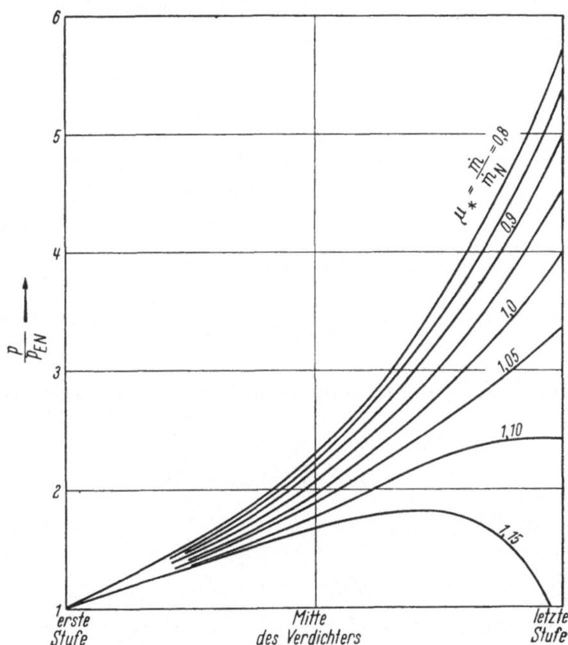

Abb. 34. Druckverlauf in den Stufen des Verdichters von Abb. 31 bei verschiedenen Durchsätzen für die Nenndrehzahl [29]

Abb. 34 zeigt den so erhaltenen Druckverlauf im Verdichter des obigen Beispiels mit isothermer Verdichtung bei Nenndrehzahl. Für den höchsten Durchsatz arbeiten die letzten Stufen bereits mit Druckabfall.

Die z. B. für das Regelverhalten von Gasturbinen wichtige Steilheit der Verdichterkennlinie im Nennpunkt erhält man aus der Steilheit der Stufenkennlinie wie folgt: da wir uns auf die unmittelbare Umgebung

des Nennpunktes des Verdichters beschränken, werde die Stufenkennlinie entsprechend Abb. 35a durch ihre Tangente im Nennpunkt der Stufe
ersetzt. Für diese kann mit Hilfe des Abschnittes a_{1*} auf der Abszissen-

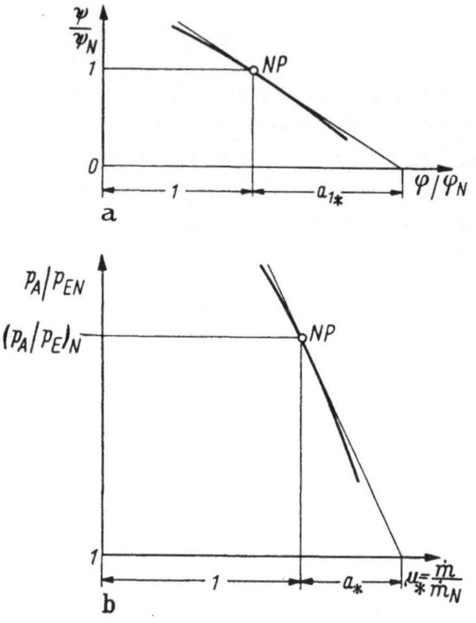

Abb. 35. Ersatz der Stufenkennlinie (a) bzw. der Verdichterkennlinie (b) in der Nähe des Nennpunktes durch ihre Tangenten [29]

achse, der die Steilheit der Stufenkennlinie im Nennpunkt angibt, geschrieben werden:

$$\Psi\left(\frac{\varphi}{\varphi_N}\right) = 1 - \frac{1}{a_{1*}}\left(\frac{\varphi}{\varphi_N} - 1\right) \qquad (2.7/13)$$

und man erhält aus Gl. (2.7/9):

$$\int_{\chi_{*E}=1}^{\chi_{*A}} \frac{d\chi_*}{\chi_*^{1/n} \cdot \xi_*^2 \cdot \left(1 + \dfrac{1}{a_{1*}} - \dfrac{1}{a_{1*}} \cdot \dfrac{\mu_*}{\chi_*^{1/n} \cdot \xi_*}\right) - \chi_*} = \ln\left(\frac{p_{AN}}{p_{EN}}\right) \qquad (2.7/14)$$

Da wir uns auf die Umgebung des Nennpunktes beschränken, werde
$\chi_* = 1 + \varepsilon_*$ gesetzt, so daß ε_* ein kleiner Wert ist. Wir entwickeln in
Gl. (2.7/14) nach Potenzen von ε_* und vernachlässigen die höheren
Potenzen:

$$\int_{\varepsilon_{*E}=0}^{\varepsilon_{*A}} \frac{d\varepsilon_*}{\dfrac{1-\mu_*}{a_{1*}} + \left[\dfrac{1+a_{1*}}{n \cdot a_{1*}} - 1\right] \cdot \varepsilon_*} = \ln\left(\frac{p_{AN}}{p_{EN}}\right) \qquad (2.7/15)$$

Durch Integration ergibt sich:

$$\varepsilon_{*A} = \frac{1 - \mu_*}{a_{1*} \cdot \left[\dfrac{1 + a_{1*}}{n \cdot a_{1*}} - 1\right]} \cdot \left[\left(\frac{p_{AN}}{p_{EN}}\right)^{\frac{1 + a_{1*}}{n \cdot a_{1*}} - 1} - 1\right] \qquad (2.7/16)$$

Für polytrope Zustandsänderung wird die Neigung der Kennlinie des Gesamtverdichters in der Umgebung des Nennpunktes:

$$\frac{dp_A}{d\mu_*} = p_{AN} \cdot \frac{d\chi_{*A}}{d\mu_*} = p_{AN} \cdot \frac{d\varepsilon_{*A}}{d\mu_*} = -\frac{\left(\dfrac{p_{AN}}{p_{EN}}\right)^{\frac{1 + a_{1*}}{n \cdot a_{1*}} - 1} - 1}{a_{1*} \cdot \left[\dfrac{1 + a_{1*}}{n \cdot a_{1*}} - 1\right]} \cdot p_{AN} \qquad (2.7/17)$$

bzw. der Abschnitt a_* auf der Abszissenachse, der für den Gesamtverdichter dem Abschnitt a_{1*} der Stufenkennlinie entspricht (vgl. Abb. 35b):

$$a_* = \frac{p_{AN} \cdot \left(\dfrac{p_{AN}}{p_{EN}} - 1\right)}{\dfrac{p_{AN}}{p_{EN}} \cdot \dfrac{dp_A}{d\mu_*}} = a_{1*} \cdot \frac{\dfrac{p_{AN}}{p_{EN}} - 1}{\dfrac{p_{AN}}{p_{EN}}} \cdot \frac{\dfrac{1 + a_{1*}}{n \cdot a_{1*}} - 1}{\left(\dfrac{p_{AN}}{p_{EN}}\right)^{\frac{1 + a_{1*}}{n \cdot a_{1*}} - 1} - 1} \qquad (2.7/18)$$

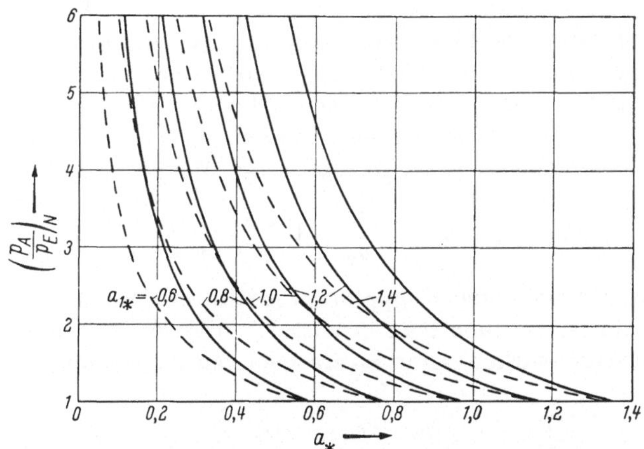

Abb. 36. Steilheit der Kennlinien eines vielstufigen Verdichters im Nennpunkt abhängig von der Steilheit der Stufenkennlinie und dem Druckverhältnis im Nennpunkt [29]
————— bei isentropem Zustandsverlauf im Verdichter ($k = 1,4$)
— — — — bei isothermem Zustandsverlauf im Verdichter

Für isotherme Zustandsänderung erhält man:

$$a_* = \frac{\dfrac{p_{AN}}{p_{EN}} - 1}{\dfrac{p_{AN}}{p_{EN}} \cdot \left[\left(\dfrac{p_{AN}}{p_{EN}}\right)^{1/a_{1*}} - 1\right]} \qquad (2.7/19)$$

Die sich aus Gl. (2.7/18) bzw. (2.7/19) ergebenden Werte a_* sind in Abb. 36 dargestellt. Die Steilheit der Kennlinie des Gesamtverdichters im Nennpunkt nimmt danach mit steigendem Nenndruckverhältnis p_{AN}/p_{EN} des Verdichters und mit wachsender Steilheit der Stufenkennlinie (fallendem a_{1*}) zu.

2.8 Interpolationsverfahren für Verdichterkennlinien

Benötigt man das Kennfeld eines Verdichters für einen größeren Drehzahlbereich, so würde die Berechnung für sämtliche Drehzahlen einen zu hohen Arbeitsaufwand erfordern. Man berechnet daher die Kennlinien nur für einige wenige Drehzahlen und bestimmt die übrigen durch Interpolation. Dies gelingt am besten in der ψ-φ-Darstellung des Kennfeldes, in welcher die Haupteinflüsse der verschiedenen Umfangs-MACH-Zahlen (Drehzahlen) bereits herausgenommen sind, so daß die Kennlinien für die verschiedenen Umfangs-MACH-Zahlen in dieser Darstellung eng benachbart liegen, was die Interpolation sehr erleichtert.

Ersetzt man die in der normalen Durchsatzzahl φ enthaltene Dichte ϱ_E des geförderten Mittels für den Zustand am Eintritt des Verdichters nach A. R. HOWELL [17] durch einen Mittelwert der Dichte zwischen Ein- und Austritt, so kann man die Kennlinien für die verschiedenen Umfangs-MACH-Zahlen praktisch zur Deckung bringen. Dies ergibt eine einfache Möglichkeit, das Kennfeld eines Verdichters in groben Zügen schnell abzuschätzen. Die mittlere Dichte könnte als arithmetischer oder geometrischer Mittelwert definiert werden. Wegen der bequemeren Handhabung bevorzugen wir den geometrischen Mittelwert:

$$\bar{\varrho} = \sqrt{\varrho_E \cdot \varrho_A} \quad \text{bzw.} \quad \frac{\bar{\varrho}}{\varrho_E} = \sqrt{\frac{\varrho_A}{\varrho_E}} = \sqrt{\frac{p_A/p_E}{T_A/T_E}} \tag{2.8/1}$$

Hierbei hängen Druck- und Temperaturverhältnis über den polytropen Verdichterwirkungsgrad (den man in ausreichender Annäherung durch den mittleren Stufenwirkungsgrad η_{st} ersetzen kann) zusammen:

$$\frac{T_A}{T_E} = \left(\frac{p_A}{p_E}\right)^{\frac{1}{\eta_{st}} \cdot \frac{k-1}{k}} = \Pi^{\frac{1}{\eta_{st}} \cdot \frac{k-1}{k}} \tag{2.8/2}$$

Nimmt man $k = 1{,}4$ und $\eta_{st} \approx 85\%$ (was oft eine ausreichende Annäherung darstellen wird), so erhält man:

$$T_A/T_E = \Pi^{1/3} \tag{2.8/3}$$

$$\bar{\varrho}/\varrho_E = \Pi^{1/3} \tag{2.8/4}$$

Die auf die mittlere Dichte bezogene Durchsatzzahl ist daher:

$$\bar{\varphi} = \varphi/\Pi^{1/3} \tag{2.8/5}$$

Für die Innenleistungszahl erhält man:

$$\psi_i = \frac{\dfrac{k}{k-1} \cdot R \cdot T_E \cdot \left[\dfrac{T_A}{T_E} - 1\right]}{\dfrac{u^2}{2 \cdot g}} = \frac{2}{k-1} \cdot \frac{\Pi^{1/3} - 1}{M_{uE}^2} \qquad (2.8/6)$$

Betrachtet man also in einem Verdichterkennfeld entsprechende Punkte bei verschiedenen Umfangs-MACH-Zahlen, so müssen sich angenähert die Drehzahlen $n/\sqrt{T_E}$ proportional zu $\sqrt{\Pi^{1/3} - 1}$ und die Durchsatzvolumina $\dot{V}_E/\sqrt{T_E}$ proportional zu $\Pi^{1/3} \cdot \sqrt{\Pi^{1/3} - 1}$ verändern. Dies zeigt Abb. 37, in dem die Punkte an den Pumpgrenzen für 4 Verdichter mit obigen Beziehungen verglichen werden. Wird in einer oder mehreren Beschaufelungen eines Verdichters die jeweilige kritische MACH-Zahl wesentlich überschritten, so gelten die oben angegebenen Näherungsbeziehungen nicht mehr. Diese Punkte wurden in Abb. 37 als Punkte mit starken Kompressibilitätseinflüssen gekennzeichnet.

Für die Interpolation werden die zuletzt wiedergegebenen Betrachtungen so benützt, daß man die Kennlinien für die wenigen gerechneten Drehzahlen (Umfangs-MACH-Zahlen) in der Form $(\Pi^{1/3} - 1)/M_{uE}^2$ bzw. η_i über $\varphi/\Pi^{1/3}$ aufträgt, weitere Drehzahllinien durch Interpolation bestimmt und diese in die normale Darstellungsform rücküberträgt.

Die Genauigkeit aller Interpolationsverfahren ist nur solange gewährleistet, als keine stärkeren Kompressibilitätseinflüsse (s. o.) auftreten.

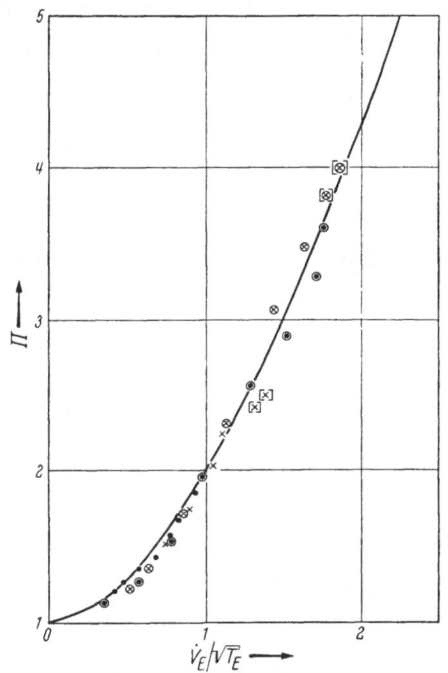

Abb. 37. Vergleich von Versuchsergebnissen an vier Axialverdichtern mit den Interpolationsformeln [17]

· $C_* = 0,63$;	$z = 9$
× $C_* = 0,51$;	$z = 6$
⊙ $C_* = 0,49$;	$z = 9$
⊗ $C_* = 0,46$;	$z = 17$

Eingeklammerte Punkte enthalten starke Kompressibilitätseinflüsse; C_* vgl. Gl. (2.9/2); z = Stufenzahl des Verdichters

2.9 Das Verdichterkennfeld im Anlaßbereich

Die Genauigkeit gerechneter Kennfelder wird um so geringer, je weiter man sich vom Nenn- oder Auslegungspunkt entfernt. Der von dieser

Ungenauigkeit am stärksten betroffene Kennfeldteil ist der Anlaßbereich der Gasturbine, für den man sich daher im allgemeinen mit Ab-
schätzungen begnügen muß. Bezüglich Förderhöhe und Durchsatz be-
dient man sich dazu der im vorhergehenden Abschnitt beschriebenen
Methoden. Für die Abschätzung der Wirkungsgrade stellen wir nach
A. R. Howell [17] folgende Betrachtung an:

Um im Nennpunkt einen möglichst guten Wirkungsgrad zu erreichen,
wird der Verdichter so ausgelegt, daß alle Stufen möglichst mit ihrem
besten Wirkungsgrad arbeiten. Diese Bedingung legt insbesondere die
Dimensionierung der axialen Durchtrittsflächen fest. Betrachtet man
z. B. Verdichterein- und austritt, so gilt aus Kontinuitätsgründen:

$$\varrho_A \cdot F_{axA} \cdot c_{axA} = \varrho_E \cdot F_{axE} \cdot c_{axE} \tag{2.9/1}$$

so daß die Größe:

$$A_* = \frac{\varrho_A \cdot F_{axA} \cdot c_{axA}}{\varrho_E \cdot F_{axE} \cdot c_{axE}} = \frac{\varrho_A}{\varrho_E} \cdot C_* \tag{2.9/2}$$

für den Nennpunkt den Wert Eins hat. C_* ist dabei eine (durch die Werte
von c_{axE} und c_{axA} im Nennpunkt und die axialen Durchtrittsflächen
F_{axE} und F_{axA}) für jeden Verdichter festliegende Konstante. Geht man zu
anderen Betriebspunkten der
Verdichter über, so wird ein
Großteil des dabei auftretenden Wirkungsgradabfalles
dadurch bedingt, daß die
vordersten und hintersten
Stufen unter stark von ihrem
Bestwirkungsgrad abwei-
chenden Bedingungen arbeiten müssen. Das ist eine
Folge des geänderten Ver-
laufes der Dichte des Fördermittels im Verdichter, also
insbesondere der Änderung
von ϱ_A/ϱ_E bzw. des Wertes
A_*. Aus diesem Grunde liegt
es für Extrapolationen in den
Anlaßbereich nahe, die Ver-

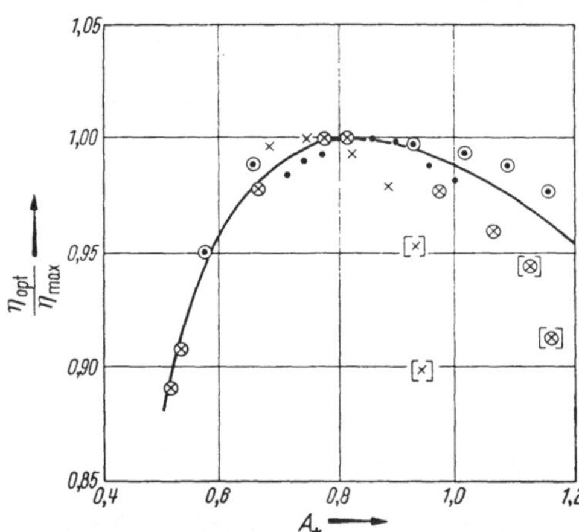

Abb. 38. Optimalwirkungsgrade für die verschiedenen
Drehzahlen der vier Axialverdichter von Abb. 37 in
Abhängigkeit vom Wert A_* der Gl. (2.9/2) [17]

dichterwirkungsgrade über der Größe A_* aufzutragen. In Abb. 38 ist dies
für die Optimalwirkungsgrade von 4 Verdichtern durchgeführt und man
erhält mit leidlicher Genauigkeit eine Mittelwertskurve. Die Punkte mit
starken Kompressibilitätseinflüssen fallen wieder heraus, sind aber für
die Extrapolation in den Anlaßbereich von geringem Interesse. Bemerkenswert ist, daß der Bestwirkungsgrad nicht bei $A_* = 1$ sondern bei

$A_* \approx 0,8$ auftritt. Dies ist sicherlich eine Folge von Ungenauigkeiten in der Bestimmung des Wertes C.

Im Anlaßbereich ist $\varrho_A/\varrho_E \approx 1$, d. h. $A_* \approx C_*$. Der Wirkungsgrad in diesem Bereich wird also vor allem durch C_*, d. h. den Wert von ϱ_A/ϱ_E im Nennpunkt des Verdichters bestimmt. Nach Gl. (2.8/1) bedeutet dies im wesentlichen eine Abhängigkeit vom Druckverhältnis des Verdichters im Nennpunkt.

3. Das Teillastverhalten des Turbinenteiles

3.1 Einleitung

Während die Dampfturbinen meist mit größeren Stufenzahlen gebaut werden, haben die Turbinenteile von Gasturbinen nur wenige Stufen, insbesondere bei den Flugzeugtriebwerken. Dadurch kommt es häufig vor, daß in einem (oder mehreren) der Beschaufelungskränze der Turbine die Schallgeschwindigkeit erreicht und überschritten wird. Das Verhalten solcher Turbinenteile von Gasturbinen bei Änderungen des Laufzustandes unterscheidet sich daher von dem der Dampfturbinen. Bei diesen begnügt man sich für die Abschätzung der Durchsatzgewichte meist mit dem Kegel der Dampfgewichte, der zur Voraussetzung hat, daß die Stufenzahl hoch ist und daß in keiner Schaufelreihe die Schallgeschwindigkeit wesentlich überschritten wird. Für die Wirkungsgrade verwendet man gewöhnlich die parabolischen oder parabelähnlichen Kurven über der Schnellaufzahl u/c_0 ($u = $ Bezugsumfanggeschwindigkeit der Turbinenstufe bzw. Turbine, $c_0 = \sqrt{2 \cdot g \cdot H_{ad}} = $ dem isentropen Stufen- bzw. Turbinengefälle entsprechende Idealgeschwindigkeit). Für die Wirkungsgrade und Durchsätze der Turbinenteile von Gasturbinen sind für die unterschiedlichsten Laufzustände derselben genauere Angaben notwendig, als man durch diese Näherungsmethoden des Dampfturbinenbaues erhalten kann. Man ging daher mit Fortschreiten der Gasturbinenentwicklung zur Aufstellung vollständiger Kennfelder für die Turbinenteile über, wie sie für die Verdichterteile schon längere Zeit üblich waren.

3.2 Die gasdynamischen Grundlagen für die Berechnung einzelner Schaufelkränze

3.2.1 Die Berechnung ruhender Schaufelkränze (Leiträder)

Da die hier zusammengestellten Unterlagen vorzugsweise bei der Berechnung von Turbinenkennfeldern Anwendung finden, beschränken wir uns auf die im Turbinenbau üblichen Bezeichnungen und verwenden als Maß für die Verluste den Geschwindigkeitsbeiwert φ_*. Die Expansion des idealen Gases im Kranz mit konstantem $k = c_p/c_v$ soll verlustbehaftet, aber ohne äußere Wärmezu- oder -abfuhr vor sich gehen und im folgenden kurz als *verlustbehaftete Strömung* bezeichnet werden. Der Index g_1 gelte wieder für den Gesamtzustand vor dem Kranz, der Index 1 für den statischen Zustand vor und der Index 2 für den statischen Zustand hinter dem Kranz. Sämtliche die Strömung kennzeichnenden Werte stellen wir als dimensionslose Ähnlichkeitskenngrößen dar und benutzen dazu die Schallgeschwindigkeit a_{g1} und die Dichte ϱ_{g1} für den Gesamtzustand vor dem Kranz, sowie die engste, in der betrachteten Beschaufelung vorhandene Durchtrittsfläche $F_2 = A_{min} \cdot h$ als Bezugsgrößen (Abb. 39). Wir berechnen zunächst alle Werte für isentrope (verlustlose) Strömung und beziehen dann die entsprechenden Werte für die verluftbehaftete Strömung durch Korrekturbeiwerte auf diese. Damit ergeben sich die in Tab. 3.2/1 zusammengestellten Beziehungen [*30 bis 32*].

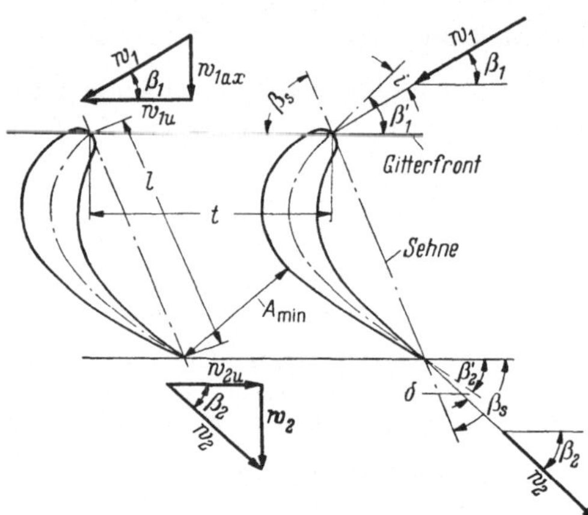

Abb. 39. Bezeichnungen für Beschleunigungsgitter

l = Sehnenlänge; t = Teilung; β_s = Schaufelwinkel (Staffelungswinkel); β_1' = Schaufeleintrittswinkel = 180° — β_s — χ_1; β_2' = Schaufelaustrittswinkel = β_s — χ_2; β_1 = Zuströmwinkel; β_2 = Abströmwinkel; i = Zuströmwinkel relativ zur Skelettlinieneintrittstangente = β_1' — β_1; δ = Austrittsablenkung = β_2 — β_2'; $\varDelta\beta$ = Umlenkwinkel der Strömung = 180° — β_1 — β_2; A_{min} = geringste Schaufelkanalweite; w_1 = Zuströmgeschwindigkeit; w_2 = Abströmgeschwindigkeit; w_{1u} bzw. w_{2u} = Umfangskomponenten von w_1 bzw. w_2; w_{1ax} bzw. w_{2ax} = Axialkomponenten von w_1 bzw. w_2. Bezeichnungen für Schaufelprofile, vgl. Abb. 4

Hierbei wurde — wie im Turbinenbau üblich — angenommen, daß die Wärmemenge, die den Verlusten entspricht, am Kranzaustritt bereits völlig an das strömende Mittel übergegangen ist. Dies trifft erfahrungsgemäß tatsächlich meist nicht zu und bedingt, daß die so gerechneten *wirksamen* Austrittsflächen oft größer werden, als die entsprechenden geometrischen Werte. Man hat daher in die Kennfeldberechnungen immer die wirksamen Flächen einzusetzen, die aus Versuchen rückgerechnet werden können, was auch etwaige Kontraktionseinflüsse berücksichtigt. Außerdem besteht die Möglichkeit, für die Durchsätze jeweils mit einem anderen (besseren) Geschwindigkeitsbeiwert zu rechnen, als für die Zustandswerte und Geschwindigkeiten hinter dem Schaufelkranz[1].

---

[1] Teilweise werden in der Praxis die Durchsätze sogar mit verlustloser, also isentroper Strömung gerechnet.

Tabelle 3.2/1. *Darstellung der Kennwerte der Strömung*

Zeile	Größe	dargestellt als	für isentrope Strömung	für verlustbehaftete Strömung	Korrekturbeiwert
1	Geschwindigkeit w_2 am Kranzaustritt	MACH-Zahl $M_{(o)} = w_2/a_{g1}$	$M_{(o)\,ad} = \sqrt{\dfrac{2}{k-1}\left[1 - \Pi^{\frac{k-1}{k}}\right]}$	$M_{(o)} = \varphi_* \cdot M_{(o)\,ad}$	Geschwindigkeits-beiwert φ_*
2	Temperatur T_2 am Kranzaustritt	Temperatur-verhältnis T_2/T_{g1}	$T_{2\,ad}/T_{g1} = \Pi^{\frac{k-1}{k}}$	$T_2/T_{g1} = K_T \cdot (T_{2\,ad}/T_{g1})$	$K_T = \varphi_*^2 + \dfrac{1 - \varphi_*^2}{T_{2\,ad}/T_{g1}}$
3	Schall-geschwindigkeit a_2 am Kranzaustritt	Schall-geschwindigkeits-verhältnis a_2/a_{g1}	$a_{2\,ad}/a_{g1} = \sqrt{T_{2\,ad}/T_{g1}}$	$a_2/a_{g1} = K_a \cdot (a_{2\,ad}/a_{g1})$	$K_a = \sqrt{K_T}$
4	Dichte ϱ_2 am Kranzaustritt	Dichte-verhältnis ϱ_2/ϱ_{g1}	$\varrho_{2\,ad}/\varrho_{g1} = \Pi^{1/k}$	$\varrho_2/\varrho_{g1} = K_\varrho \cdot (\varrho_{2\,ad}/\varrho_{g1})$	$K_\varrho = \dfrac{1}{K_T}$
5	Massendurchsatz $\dot{m}$ des Kranzes	dimensionslose Stromdichte $\Theta = \dfrac{\dot{V}_{g1}}{a_{g1}\cdot F_2}$	$\Theta_{ad} = \dfrac{\varrho_{2\,ad}}{\varrho_{g1}} \cdot M_{(o)}$	$\Theta = K_m \cdot \Theta_{ad}$	$K_m = \dfrac{\varphi_*}{K_T}$
6	Geschwindigkeit w_2 am Kranzaustritt	MACH-Zahl $M = w_2/a_2$	$M = M_{(o)\,ad}/(a_{2\,ad}/a_{g1})$	—	—

Die in Zeile 6 der Tab. 3.2/1 angegebene MACH-Zahl wird für den isentropen Aufstau von Zuströmgeschwindigkeiten vor Schaufelkränzen benötigt, die man in Form einer solchen MACH-Zahl M erhält. Man kann also mit Hilfe der Kurve der M-Werte über p_2/p_{g1} den zum statischen Druck p_2 gehörigen Gesamtdruck p_{g1} bestimmen[1].

In Tab. 3.2/1 sind die MACH-Zahlen $M_{(o)}$ und die dimensionslosen Stromdichten Θ mit der Schallgeschwindigkeit a_{g1} und der Dichte ϱ_{g1} des

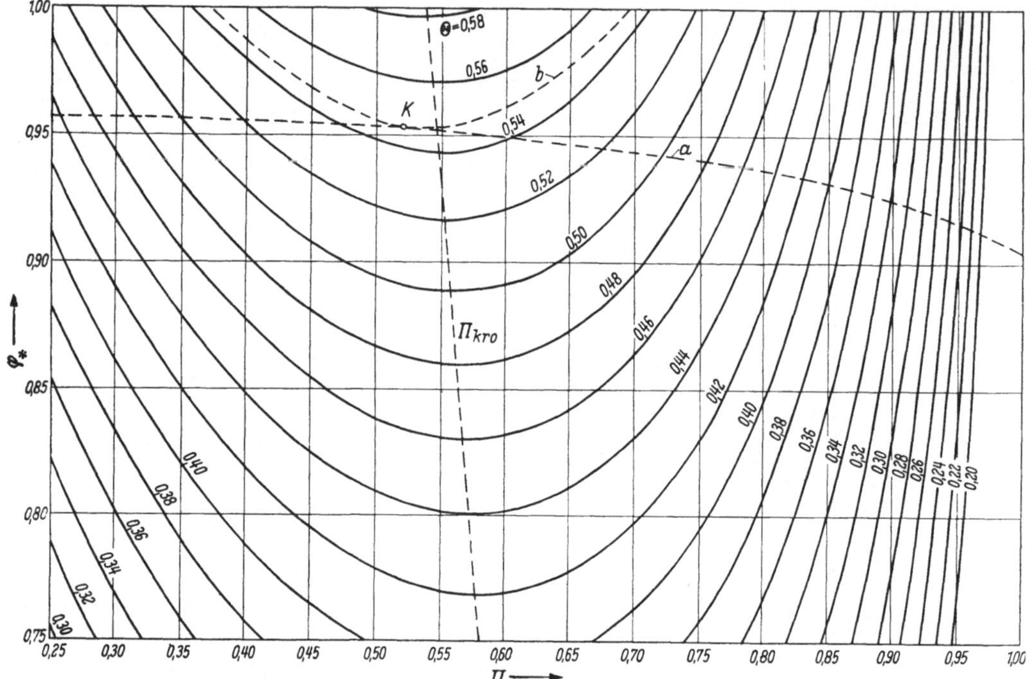

Abb. 40. Dimensionslose Stromdichten für verlustbehaftete Strömung für $k = 1{,}35$ [30, 31]
a = Beispiel für den Verlauf des Geschwindigkeitsbeiwertes φ_* eines Schaufelkranzes bei $\beta_1 = \mathrm{konst}$;
b = höchste von a berührte Linie $\Theta = \mathrm{konst}$; K = kritischer Punkt für a

Gesamtzustandes vor dem Kranz gebildet. Dies hat den Nachteil, daß die genannten Ähnlichkeitskennzahlen für den kritischen Zustand nicht den Wert Eins haben. Um dies zu erreichen, wird für verlustlose (isentrope) Expansion oft eine MACH-Zahl M_* und eine dimensionslose Stromdichte Θ_* mit der Schallgeschwindigkeit a_{kr} und der Dichte ϱ_{kr} des kritischen Zustandes gebildet [33]. Da aber bei verlustbehafteter Strömung auch diese Ähnlichkeitskennzahlen für den kritischen Zustand nicht den Wert Eins annehmen, wurde hier den formelmäßig etwas einfacheren Definitionen der Tab. 3.2/1 der Vorzug gegeben.

---

[1] Anstelle des in Tab. 3.2/1 verwendeten Index 2 tritt dann der Index 1.

Das wichtigste Hilfsmittel für die Kennfeldberechnung ist ein Kurvenblatt der dimensionslosen Stromdichten Θ in Abhängigkeit vom Druckverhältnis $\Pi = p_2/p_{g1}$ und dem Geschwindigkeitsbeiwert φ_*, wobei sich die in Abb. 40 gezeigte Darstellungsform als besonders günstig erwiesen hat. Dies ergibt sich aus einer Betrachtung des Geschwindigkeitsbeiwertes φ_*: für ein bestimmtes Gitter hängt der Geschwindigkeitsbei-

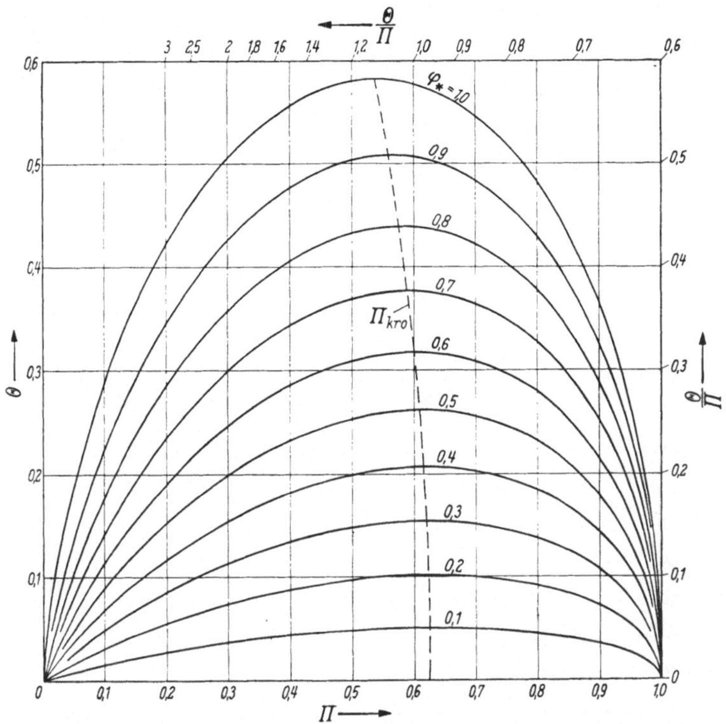

Abb. 41. Dimensionslose Stromdichten für verlustbehaftete Strömung in der herkömmlichen Darstellungsweise für $k = 1,35$ [31]

wert vom Zuströmwinkel β_1, der MACH-Zahl und der REYNOLDS-Zahl ab. Vernachlässigt man — wie früher begründet — die Abhängigkeit von der REYNOLDS-Zahl Re', so hat man den Geschwindigkeitsbeiwert als nur vom Zuströmwinkel β_1 und dem Druckverhältnis Π abhängig zu betrachten, so daß man in das Kurvenblatt der dimensionslosen Stromdichten Θ Kurven des Geschwindigkeitsbeiwertes φ_* des betrachteten Kranzes mit dem Zuströmwinkel β_1 als Parameter eintragen kann (siehe Beispiel a in Abb. 40). In Abb. 41 sind die dimensionslosen Stromdichten Θ nochmals in der altgewohnten Weise mit φ_* als Parameter dargestellt.

Betrachten wir nun eine Beschaufelung, deren engste Durchtrittsfläche die Austrittsfläche F_2 ist, so erkennt man, daß als kritisches

Druckverhältnis p_{kr}/p_{g1} für einen bestimmten Zuströmwinkel β_1 jenes zu bezeichnen ist, bei dem die zugehörige φ_*-Linie in Abb. 40 die höchstmögliche Θ-Linie berührt. Da in der Nähe dieses kritischen Punktes $\partial\varphi_*/\partial\Pi$ meist klein ist, wurde in Abb. 40 als erster Anhalt die Linie der kritischen Druckverhältnisse $\Pi_{kro} = p_{kro}/p_{g1}$ für den Sonderfall $\partial\varphi_*/\partial\Pi = 0$ (worauf der Index o bei p_{kr} hinweist) eingetragen. Dabei ergibt sich Π_{kro} als Lösung der Gleichung:

$$\frac{1-x}{x} \cdot \frac{1+\varphi_*^2 \cdot x}{1-\varphi_*^2 \cdot x} = \frac{2k}{k-1} \tag{3.2/1}$$

wobei $x = 1 - \Pi_{kro}^{\frac{k-1}{k}}$ bedeutet. Die beim kritischen Druckverhältnis auftretende Abströmgeschwindigkeit am Kranzaustritt ist die sogenannte

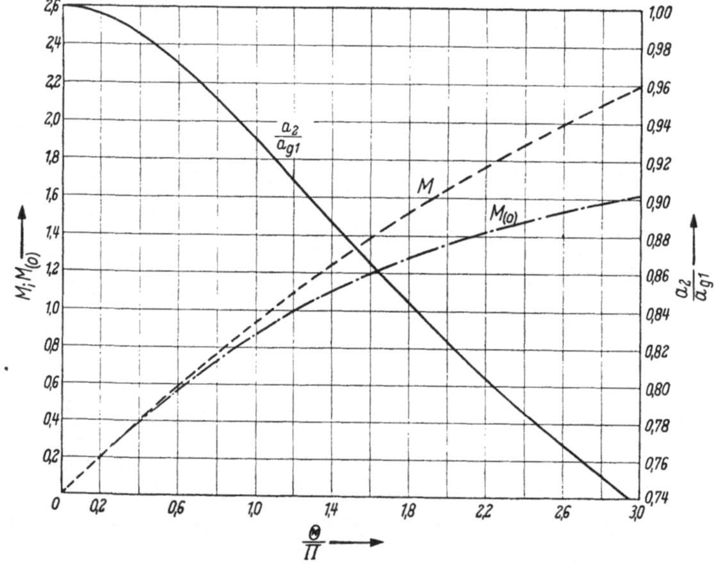

Abb. 42. Mach-Zahlen $M_{(o)}$ und M und Schallgeschwindigkeitsverhältnis a_2/a_{g1} für verlustbehaftete Strömung abhängig von Θ/Π für $k = 1,35$

kritische Geschwindigkeit, die nur für isentrope Strömung gleich der Schallgeschwindigkeit für den kritischen Zustand des strömenden Mittels ist. Die bei Unterschreitung des kritischen Druckverhältnisses auftretenden Erscheinungen werden in Abschn. 33 beschrieben.

Um die übrigen Kennzahlen der Tab. 3.2/1 in einfacher Weise darzustellen, beachten wir, daß bei verlustbehafteter Strömung auf jeder Ursprungsgeraden $\Theta/\Pi = $ konst der Abb. 41 die Werte $M_{(o)}$, M, T_2/T_{g1} und a_2/a_{g1} dieselben Werte besitzen [34, 35]. Wir erhalten so Abb. 42.

3.2.2 Die Berechnung umlaufender Schaufelkränze (Laufräder)

Bezieht man sich bei der Berechnung der umlaufenden Schaufelkränze
auf die Relativgeschwindigkeiten, so können hierfür die im vorhergehenden Abschnitt für die ruhenden Schaufelkränze angegebenen Berechnungsmethoden unter der Voraussetzung übernommen werden, daß
sich der Bezugsdurchmesser (mittlere Durchmesser) zwischen Ein- und
Austritt des Laufschaufelkranzes nicht ändert. Wäre letztere Bedingung
nicht erfüllt, so müßte bei der Berechnung der Austrittsgeschwindigkeit
das Zusatzglied $u \cdot \Delta u/g$ berücksichtigt werden, was die unveränderte Anwendung des Kurvenblattes mit den Durchsatz-MACH-Zahlen unmöglich
machen und die Kennfeldrechnung erschweren würde. In der Regel sind
die genannten Radienänderungen so klein, daß man in den Laufrädern
jeweils mit einem geeignet gewählten gleichbleibenden mittleren Durchmesser als Bezugsdurchmesser rechnen kann, ohne die Genauigkeit des
gerechneten Kennfeldes merklich zu beeinträchtigen. Man legt also die
Durchmesseränderungen vollständig in die Leiträder und kann dann die
Berechnungsmethoden der Leiträder (Abschn. 3.2.1) auch für die Laufräder übernehmen.

3.3 Die Kennlinien der geraden Turbinenschaufelgitter

Bei den Verdichtergittern waren zusammenfassende Angaben über die
Kennlinien dadurch erleichtert worden, daß sich die verwendeten Profilformen im allgemeinen relativ wenig voneinander unterscheiden, sofern
man von Sonderformen (z. B. den Hochgeschwindigkeitsprofilen der
NACA-65-Gebläsereihe) absieht. Dies ergibt sich daraus, daß heute alle
normalen Verdichterprofile in ähnlicher Weise durch Überlagerung
einer Dickenverteilung über eine Skelettlinie entstehen. Bei den Turbinen-
profilen wird diese Methode aber nur teilweise angewendet [36][1] (z. B.
beim NGTE in Großbritannien), während man insbesondere in den vom
Dampfturbinenbau beeinflußten Kreisen die Profile frei (z. B. aus Kreisbögen und Geraden) unter Beurteilung der entstehenden Schaufelkanal-
formen aufbaut (vom NGTE konventionelle Profile genannt). Die Un-
einheitlichkeit der im folgenden zusammengestellten Unterlagen ist
hierin begründet.

Als Maß für die Strömungsverluste in einem Turbinengitter verwenden
wir den in Abschn. 1.5 definierten Verlustbeiwert $\zeta = H_v \left/ \dfrac{w_2^2}{2 \cdot g} \right. = (1 - \varphi_*^2)/\varphi_*^2$,
da die umfangreichen britischen Unterlagen so dargestellt sind. Die
übrigen Bezeichnungen zeigen die Abb. 39 und 4.

---

[1] Um bei den so erzeugten Turbinenprofilgittern günstige Kanalformen am
Gitteraustritt zu erhalten, müssen die Dickenverteilungen im hinteren Profilteil
schlanker sein, als bei den Tragflügelprofilen des NACA-Report 460.

Um den Überblick zu erleichtern, betrachten wir zunächst jeweils nur den Nennpunkt jedes Gitters, d. h. jene Zuströmrichtung zum Gitter, bei der die geringsten Verluste auftreten. STODOLA gab als

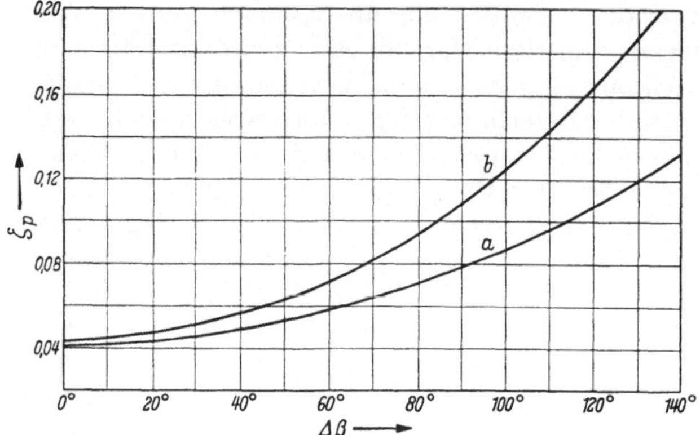

Abb. 43. Profilverlust-Beiwert für Beschleunigungsgitter abhängig vom Umlenkwinkel für $Re_{eff} \geqq 10^5$ nach Angaben von ALLIS-CHALMERS
a = weite Teilung; b = enge Teilung

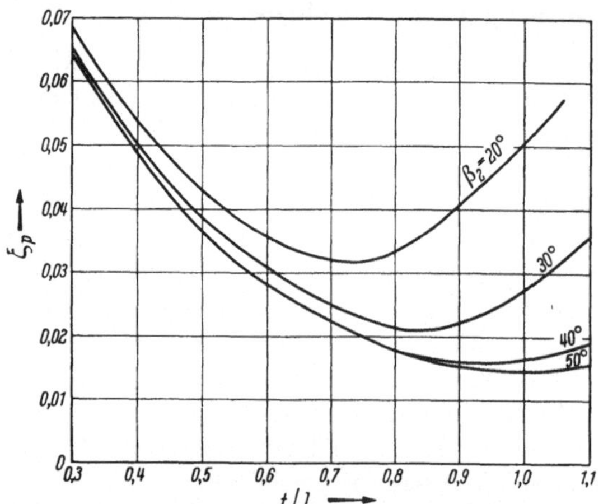

Abb. 44. Profilverlust-Beiwert für Beschleunigungsgitter für axiale Zuströmung ($\beta_1 = 90°$) für $Re_{eff} \approx 2 \cdot 10^5$ [37]
Korrektur für andere REYNOLDS-Zahlen s. Abb. 67

Richtwerte hierfür Kurven des Verlustbeiwertes abhängig vom Umlenkungswinkel $\Delta \beta$ an, wofür Abb. 43 eine neuere Unterlage zeigt. Hierin ist in grober Annäherung beachtet, daß auch das Teilungsverhältnis t/l die Verluste beeinflußt. Die an-

Tabelle 3.3/1. *Turbinen-Grundprofile nach D. G. Ainley*

Grund-profil	$\dfrac{d}{l}$	$\dfrac{x_d}{l}$	$\dfrac{r_1}{d}$	$\dfrac{r_2}{d}$
T 6	10	40	12	6

$\dfrac{x}{l}$	0	1,25	2,5	5	7,5	10	15	20	30	40	50	60	70	80	90	95	100
$\dfrac{y_o}{l} = \dfrac{y_u}{l}$	0	1,17	1,54	1,99	2,37	2,74	3,40	3,95	4,72	5,00	4,67	3,70	2,51	1,42	0,85	0,72	0

Alle Maße sind in Prozent der Sehnenlänge l angegeben.

gegebenen Verlustbeiwerte ζ_p umfassen nur die Profilverluste, enthalten also keine Rand- oder Sekundärverluste, und gelten nur für die REY-NOLDS-Zahlen über der kritischen (d. h. über etwa 10^5). Genauere Unterlagen über den Einfluß des Teilungsverhältnisses zeigen die Abb. 44 für reine Reaktionsschaufeln (Zuströmwinkel $\beta_1 = 90°$) und 45 für reine

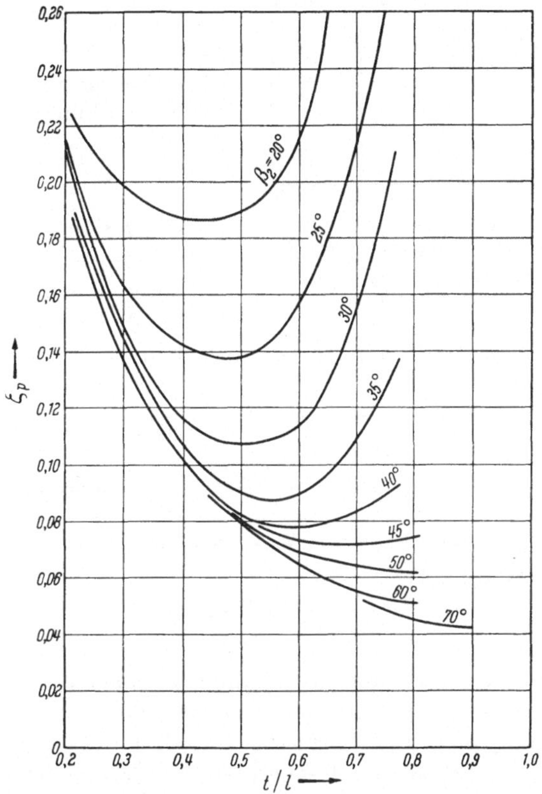

Abb. 45. Profilverlust-Beiwert für Gleichdruckgitter ($\beta_2 = \beta_1$) für $Re_{eff} \approx 2 \cdot 10^5$ [37] Korrektur für andere REYNOLDS-Zahlen s. Abb. 67

Gleichdruckschaufeln (Zuströmwinkel $\beta_1 = $ Abströmwinkel β_2) [37, 24]. Für andere Zuströmwinkel β_1 erhält man die Verlustbeiwerte nach [37] aus:

$$\zeta_p = \zeta_{p\,(\beta_1 = 90°)} + \left(\frac{90° - \beta_1}{90° - \beta_2}\right)^2 \cdot [\zeta_{p\,(\beta_1 = \beta_2)} - \zeta_{p\,(\beta_1 = 90°)}] \text{ für } \beta_1 < 90° \quad (3.3/1)$$

$$\zeta_p = \zeta_{p\,(\beta_1 = 90°)} \qquad\qquad\qquad\qquad\qquad\qquad \text{ für } \beta_1 \gtreqless 90° \quad (3.3/2)$$

wobei $\zeta_{p\,(\beta_1 = 90°)}$ und $\zeta_{p\,(\beta_1 = \beta_2)}$ aus den Abb. 44 und 45 für dieselben Werte von t/l und β_2 zu entnehmen sind. Bei sehr kleinen Schaufelabmessungen

5*

(unter etwa 2 cm Sehnenlänge) läßt erfahrungsgemäß die Genauigkeit der Profilfertigung derart nach, daß eine Erhöhung der Verlustbeiwerte ζ etwa nach Abb. 46 erforderlich wird.

Um die bisher angegebenen Profilverluste, die für unendlich lange Schaufeln gültig sind, auf Schaufeln endlicher Länge mit den entsprechenden Randbegrenzungsflächen umzurechnen, sind zunächst die Reibungsverluste an Nabenkörper und Gehäuse der Turbomaschine hinzuzufügen:

$$\zeta_r = 0{,}02 \cdot \frac{t}{h} \qquad (3.3/3)$$

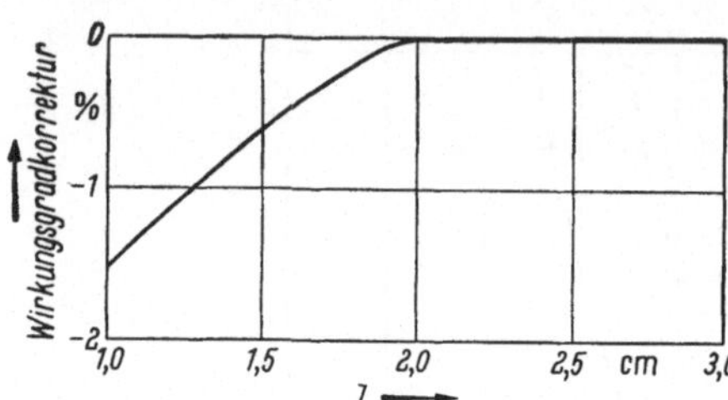

Abb. 46. Korrektur des Wirkungsgrades einer Turbinenstufe für kleine Sehnenlängen der Schaufeln [37] Bei Gittern sind dieselben Prozentsätze an den Werten 1/(1 + ζ) anzubringen

(h = Höhe der Schaufeln und t = Teilung).

Durch die Interferenz der Schaufelgrenzschichten mit den Grenzschichten an den Randbegrenzungsflächen entstehen die sogenannten Sekundärverluste:

$$\zeta_s = 0{,}04 \cdot \left[1 + \frac{90° - \beta_1}{90° - \beta_2} \right] \cdot \zeta_{a\,(2)}^2 \quad \text{für} \quad \beta_1 < 90° \qquad (3.3/4)$$

$$\zeta_s = 0{,}04 \cdot \zeta_{a\,(2)}^2 \qquad\qquad\qquad \text{für} \quad \beta_1 \gtreqless 90° \qquad (3.3/5)$$

Hierin ist $\zeta_{a\,(2)}$ der theoretische Auftriebsbeiwert bezogen auf die Austrittsgeschwindigkeit:

$$\zeta_{a\,(2)} \cdot l/t = \frac{2 \cdot \sum w_u \cdot w_\infty}{w_2^2} \qquad (3.3/6)$$

($\sum w_u = w_{u1} + w_{u2}$ = Änderung der Umfangskomponente der Geschwindigkeiten im Gitter, w_∞ = mittlere Geschwindigkeit im Gitter, w_2 = Abströmgeschwindigkeit). Der Verlustbeiwert ζ_s berücksichtigt auch die sogenannten Spaltverluste, da diese nur eine Änderung der Randverluste durch das Vorhandensein der Radialspalte darstellen. Dabei ist vorausgesetzt, daß die Spalte 1,5 bis 2% der Schaufelhöhe h ausmachen. Für größere Spalte fehlen bisher klare Versuchsergebnisse, so daß hierfür keine Angaben gemacht werden können[1].

Die Zusammenfassung dieser Einzelverluste ergibt als Verlustbeiwert für ein Gitter endlicher Schaufelhöhe:

$$\zeta = \zeta_p + \zeta_r + \zeta_s \qquad (3.3/7)$$

---

[1] Das Problem der Spaltverluste ist deswegen so schwierig, weil die Spaltströmung zumindst bei ausreichend kleinen Spalten innerhalb der Grenzschicht an dem Turbinengehäuse bzw. dem Nabenkörper vor sich geht. Die Größe des Spaltverlustes wird daher auch von den Daten dieser Grenzschicht beeinflußt.

Weitere Unterlagen für unendlich hohe Schaufeln können von CARTER [22, 24] entnommen werden, dessen Angaben sich auf die Grundprofile C_1, C_2, C_4 mit $d/l = 10\%$ größter Profildicke (vgl. Tab. 2.2/1) für Verwendung in Verdichter- und Turbinengittern beziehen. CARTER definiert den Nennpunkt eines Gitters durch jene Zuströmrichtung, die der geringsten Gleitzahl ε_{opt} entspricht. Den Einfluß des Teilungsverhältnisses t/l erfaßt CARTER durch Übergang zu einem virtuellen Vergleichsgitter mit $t/l = \infty$ mittels:

$$\zeta_{a(2)\,\infty} = \zeta_{a(2)} \cdot \frac{6 \cdot \dfrac{t}{l}}{6 \cdot \dfrac{t}{l} - 1} \tag{3.3/8}$$

$$\zeta_{wp(2)\,\infty} = \zeta_{wp(2)} \cdot \frac{6 \cdot \dfrac{t}{l} - 1}{6 \cdot \dfrac{t}{l}} \tag{3.3/9}$$

$$\varepsilon_{p\,\infty} = \varepsilon_p \cdot \left[\frac{6 \cdot \dfrac{t}{l} - 1}{6 \cdot \dfrac{t}{l}} \right]^2 \tag{3.3/10}$$

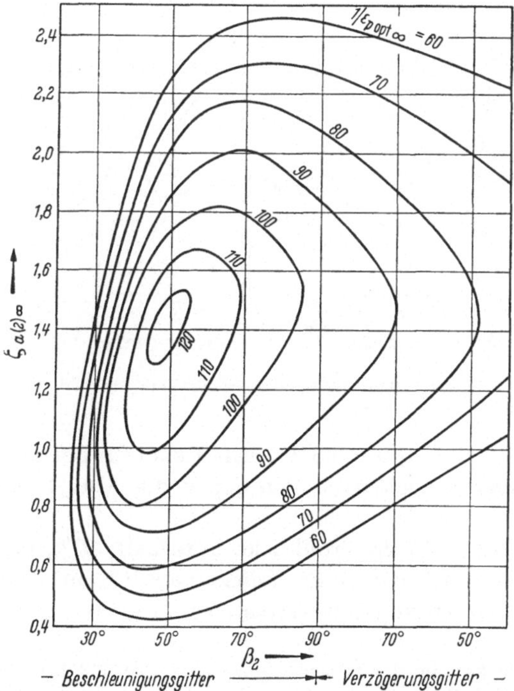

Abb. 47. Optimale Gleitzahlen von Beschleunigungs- und Verzögerungsgittern aus Profilen mit 10% maximaler Dicke bei $Re_{eff} = 4 \cdot 10^5$ bezogen auf das Teilungsverhältnis $t/l = \infty$ [22]

wobei der Index ∞ die Werte für das Vergleichsgitter kennzeichnet[1]. Damit lassen sich die optimalen Gleitzahlen $\varepsilon_{p\,opt\,\infty}$ als Funktion des Austrittswinkel β_2 der Strömung aus dem Gitter und der Schaufelbelastung $\zeta_{a(2)\,\infty}$ zusammenfassend darstellen, Abb. 47. Durch Rück-

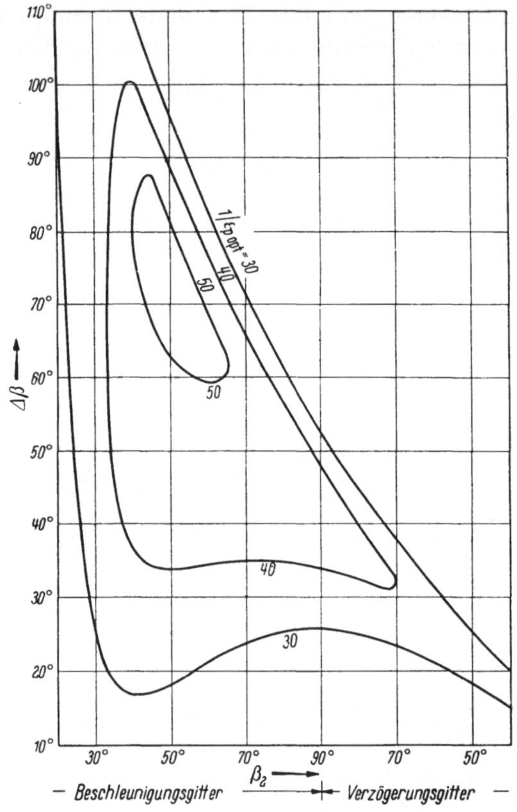

Abb. 48. Aus Abb. 47 abgeleitetes Auslegungsblatt für Profilgitter mit $t/l = 0{,}5$ [22]

rechnung mittels Gl. (3.3/8) bis (3.3/10) erhält man für beliebige Teilungsverhältnisse t/l Auslegungsblätter, von denen die Abb. 48 bis 50 einige zeigen[2].

Verminderung der größten Profildicke unterhalb 10% beeinflußt die Verluste kaum, während größere Profildicken als 10% infolge Verengung der Strömungskanäle zu höheren Verlusten führen. Die Größe der opti-

---

[1] In [24] sind die Brüche der Gleichungen (3.3/8) bis (3.3/10) fehlerhaft.

[2] Die in Abb. 48 bis 50 gezeigten $\Delta\beta$ sind als Nennwerte mit dem Index opt zu versehen.

malen Schaufelbelastung wird von der größten Schaufeldicke wesentlich beeinflußt und erreicht bei einer bestimmten Schaufeldicke einen Höchstwert. Geänderte Eintrittskantenradien r_1 haben bei kleinen MACH-Zahlen offenbar geringen Einfluß, wesentlicher ist eine gute Gesamtform-

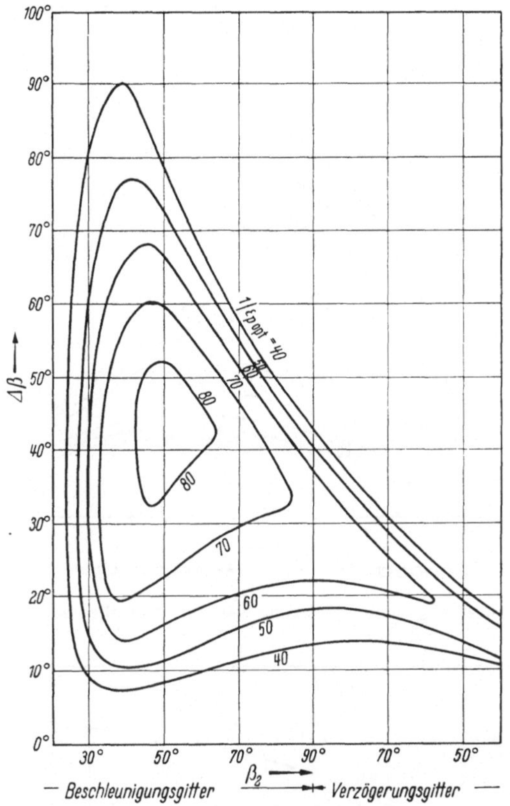

Abb. 49. Aus Abb. 47 abgeleitetes Auslegungsblatt für Profilgitter mit $t/l = 1,0$ [22]

gebung der Profilnase. Auch der Einfluß der Austrittskantenstärke $2 \cdot r_2$ scheint gering zu sein, solange dieser Wert etwa 20% der größten Profildicke nicht überschreitet. Eine Vergrößerung der Dickenrücklage beeinflußt die Verluste im Nennpunkt kaum, engt aber den brauchbaren Anstellwinkelbereich ein. Die Wölbungsrücklage hat wesentlichen Einfluß; Richtwerte für eine günstige Wahl zeigt Abb. 51.

Für die Berechnung der Kennfelder interessieren nun die Änderungen der Verlustbeiwerte bei Abweichungen vom bisher behandelten Nennzustand. Diese Abweichungen äußern sich in Änderungen der Zuströmwinkel β_1, sowie der REYNOLDS- und MACH-Zahlen, bei denen die Schaufelgitter arbeiten.

Das Verhalten der Turbinengitter bei Abweichungen von der normalen Zuströmrichtung wird stark von der Form der Profileintrittskanten, vor

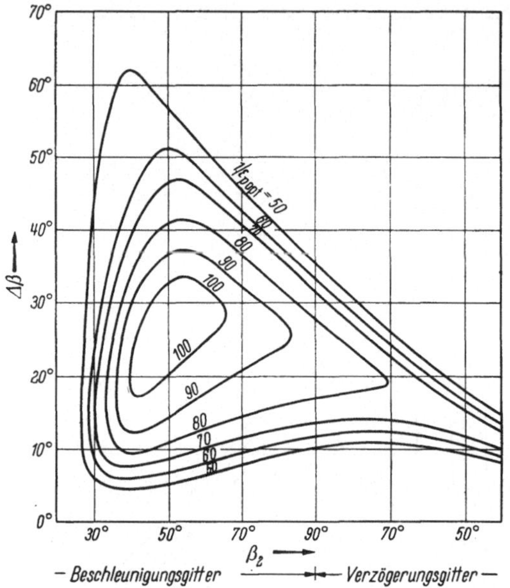

Abb. 50. Aus Abb. 47 abgeleitetes Auslegungsblatt für Profilgitter mit $t/l = 1,5$ [22]

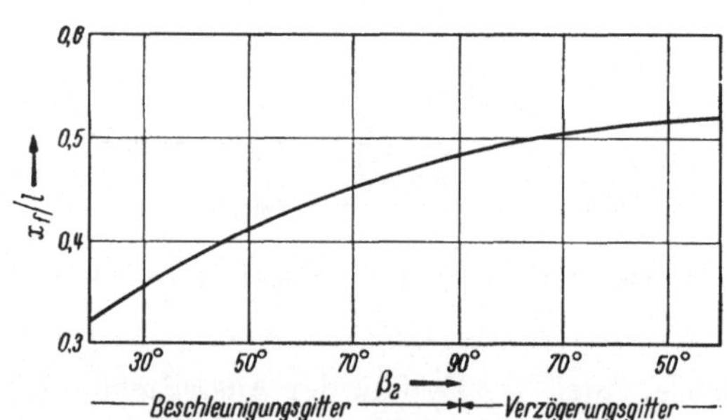

Abb. 51. Richtwerte für die Wahl günstiger Wölbungsrücklagen [22]

allem von der Größe des Eintrittskantenradius, beeinflußt. Wir stellen die Verlustbeiwerte abhängig vom Zuströmwinkel i dar, der von der Richtung der Skelettlinieneintrittstangente aus gezählt wird (Abb. 39). Mit zunehmenden Werten von i steigt die Umlenkung. Abb. 52 gibt einen Überblick nach Gitterversuchen des Verfassers [39], wobei die Profilformen in Abb. 53 bis 59 und die Hauptdaten in Tab. 3.3/2 zusammengestellt sind. Je verfeinerter die Profilform wird, d. h. aus je mehr Kreisbögen ihre Kontur zusammengesetzt ist, desto mehr verschiebt sich der Zuströmwinkel geringsten Verlustbeiwertes nach positiven i-Werten,

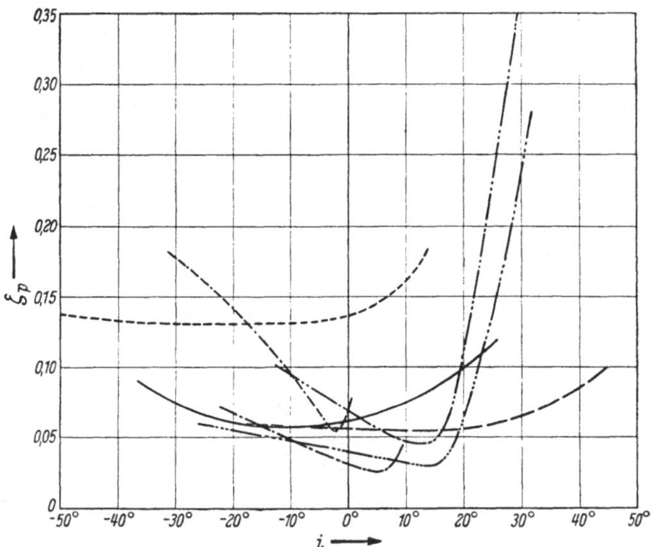

Abb. 52. Profilverlust-Beiwert der Turbinen-Profilgitter von Abb. 53—59 abhängig vom Zuströmwinkel i [*39*]. Stricharten vgl. Tab. 3.3/2

Tabelle 3.3/2. *Hauptdaten der untersuchten Gitter*

Profilgitter	Schaufel-eintritts-winkel	Schaufel-austritts-winkel	Staffelungs-winkel	Teilungs-verhältnis	Wölbung	Wölbungs-rücklage	Relative Dicke	Dicken-rücklage	Eintritts-kanten-radius	Strichart
—	β_1'	β_2'	β_s	t/l	f/l	x_f/l	d/l	x_d/l	r_1/l	—
O	54,5°	34,2°	67,5°	0,705	0,249	0,39	0,282	0,32	0,080	———
A	30,5°	33,0°	80,2°	0,733	0,395	0,40	0,233	0,35	0,033	—·—
$B1$	39,0°	30,0°	71,5°	0,790	0,336	0,42	0,248	0,26	0,063	—·—
$B2a$	48,5°	32,0°	70,5°	0,692	0,305	0,38	0,252	0,23	0,076	—··—
$B2b$	50,5°	30,0°	68,5°	0,800	0,305	0,38	0,252	0,23	0,076	—···—
$C1$	73,0°	32,5°	57,0°	0,770	0,208	0,30	0,274	0,26	0,074	——
$C2$	42,5°	36,4°	76,5°	0,572	0,306	0,41	0,313	0,35	0,076	————

 3. Das Teillastverhalten des Turbinenteiles

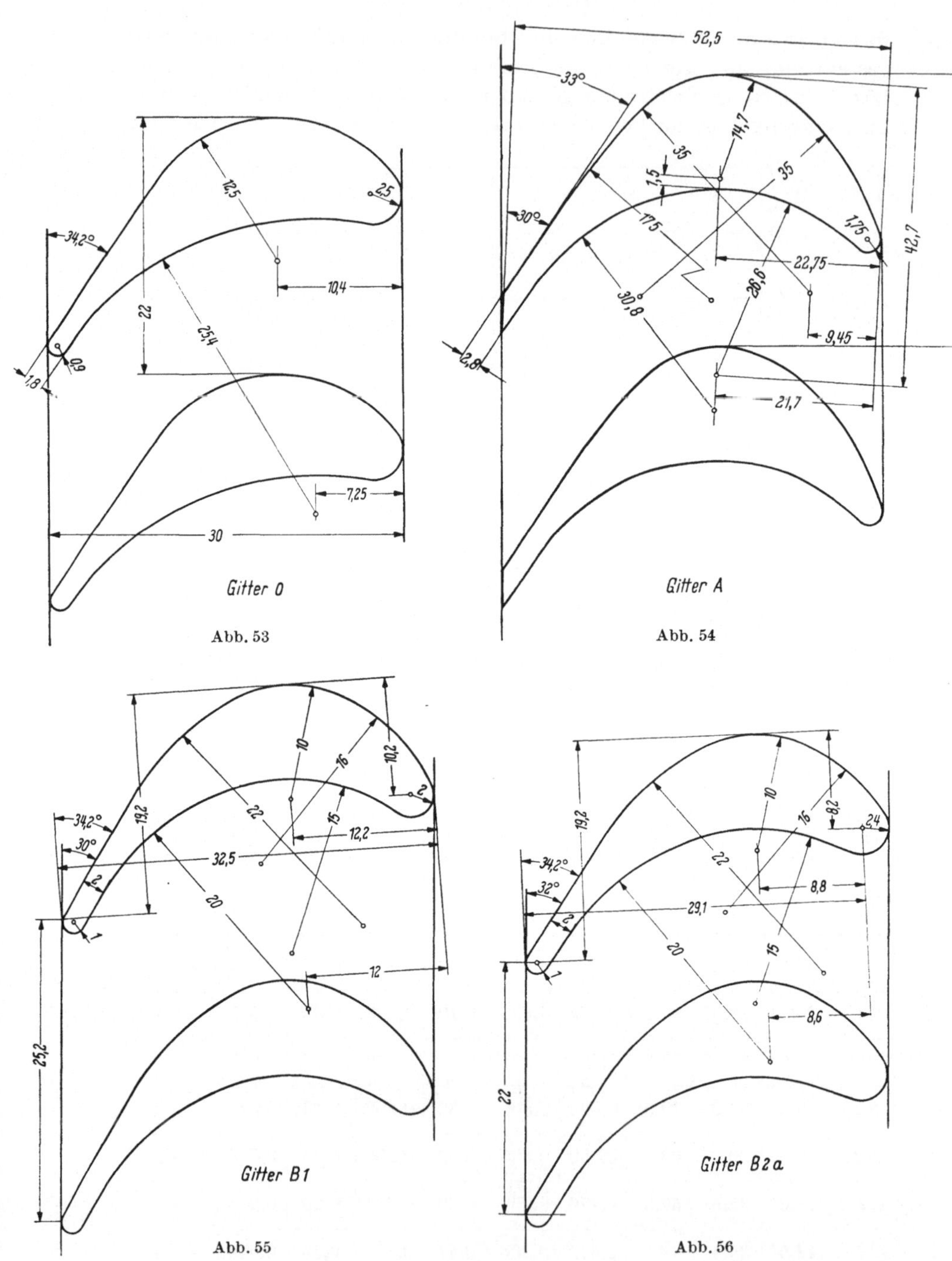

Abb. 53   Abb. 54

Abb. 55   Abb. 56

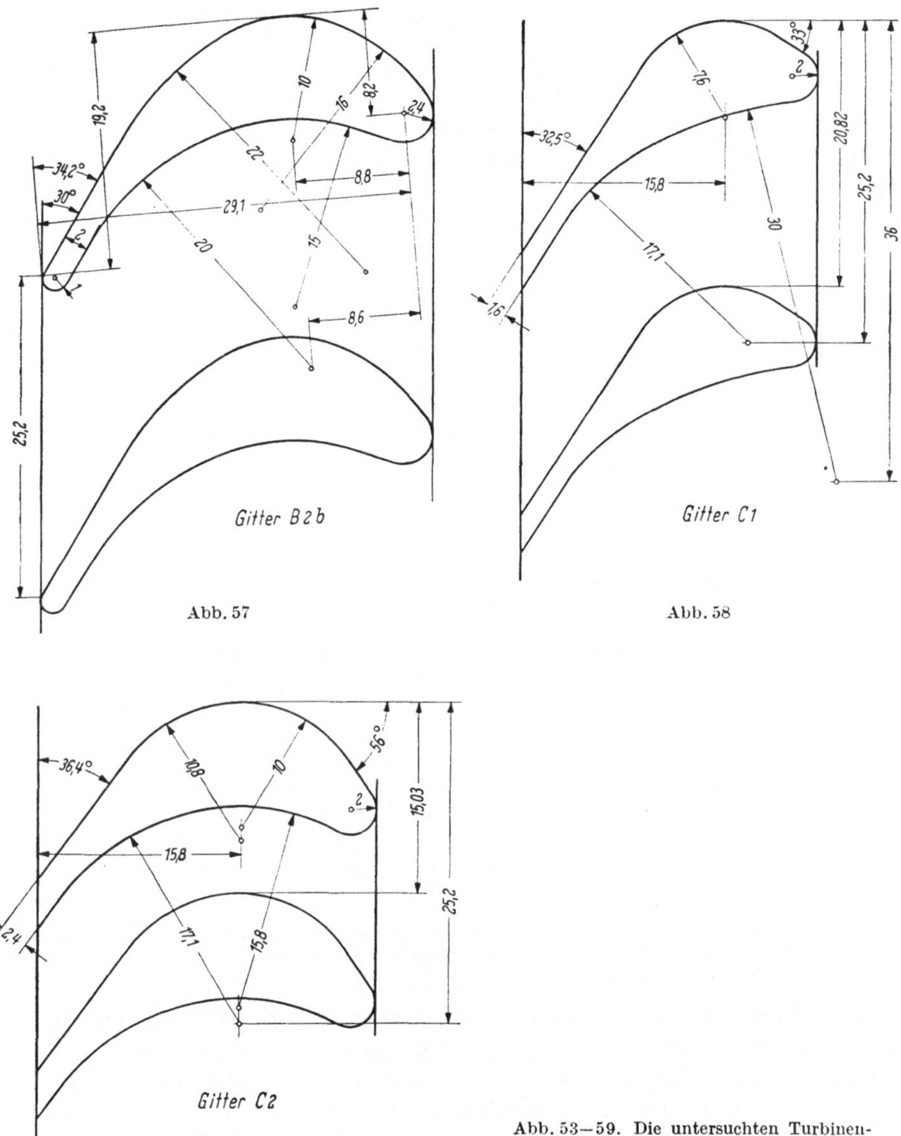

Abb. 53—59. Die untersuchten Turbinen-Profilgitter [39]

also zu den größeren Schaufelbelastungen hin. Man kann nun den Anstieg der Verluste bei Abweichungen der Zuströmrichtung vom optimalen Winkel $\beta_{1\,opt}$ als CARNOTschen Stoßverlust darstellen, wenn man diesen mit einem Abminderungsfaktor χ_s multipliziert. Dies ergibt unter der vereinfachenden Annahme inkompressiblen Strömungsmittels:

$$\frac{\varphi_*^2}{\varphi_{*\,opt}^2} = \frac{1 + \zeta_{opt}}{1 + \zeta} = \frac{1}{1 + \chi_s \cdot (\cot\beta_{1\,opt} - \cot\beta_1)^2 \cdot \sin^2\beta_2} \qquad (3.3/11)$$

wobei der Index *opt* auf die Zuströmung bei geringstem Verlustbeiwert ζ hinweist. Leider ist der Abminderungsbeiwert χ_s keine Konstante, wie die Auswertung in Abb. 60 für einige der Gitter von Abb. 53 bis 59 zeigt.

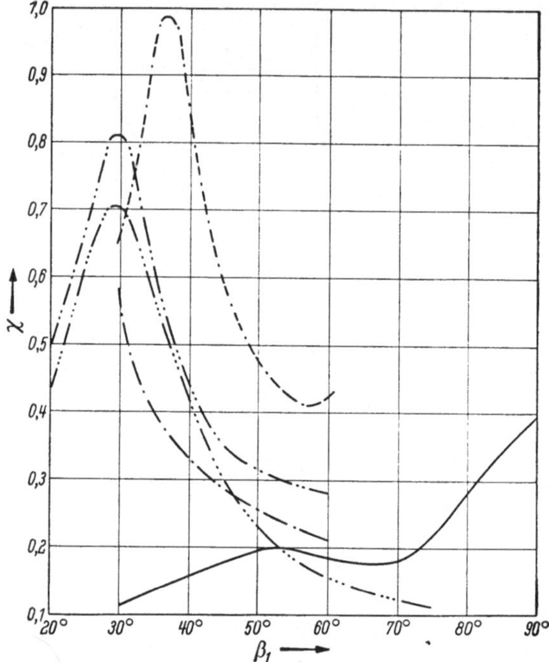

Abb. 60. Abminderungsfaktor χ_s für die Berechnung der Eintrittsstoßverluste nach Gl. (3.3/11) für einige der Profilgitter von Abb. 53—59, Ordinate $=\chi_s$. Stricharten vgl. Tab. 3.3/2

In der Nähe von $\beta_1 = \beta_2$, wenn also die Gitter im Gleichdruckbetrieb arbeiten, hat χ_s für die verfeinerten Profilformen ein Maximum. Unter Beachtung dieses Hinweises dürfte es möglich sein, auch für andere ähnliche Profilformen den Verlauf von χ_s zu schätzen.

Einige britische Versuchsergebnisse über das Verhalten bei Änderungen des Zuströmwinkels zeigen die Abb. 61 und 62. Die in Abb. 62 einzusetzenden Werte des Zuströmwinkels i_{abl}, der dem Beginn von Ablösungserscheinungen am Schaufelrücken entspricht, sind aus Abb. 63 zu entnehmen [22, 24]. Der Zuströmwinkel i_{opt} für günstigste Verluste berechnet sich aus:

$$i_{opt} = i_{opt\,\infty} + \Delta i \qquad (3.3/12)$$

mittels $i_{opt\,\infty}$ nach Abb. 64 und:

$$\Delta i = \frac{1}{2} \cdot \zeta_a \cdot \frac{l}{t} \cdot w_n^* \quad \text{(Bogenmaß)} \tag{3.3/13}$$

(ζ_a = Auftriebsbeiwert, w_n^* = Gitterkorrekturbeiwert nach BETZ [54]). Die von CARTER [22] verwendeten und von BETZ [54] abweichenden Werte von w_n^* sind Abb. 65 zu entnehmen.

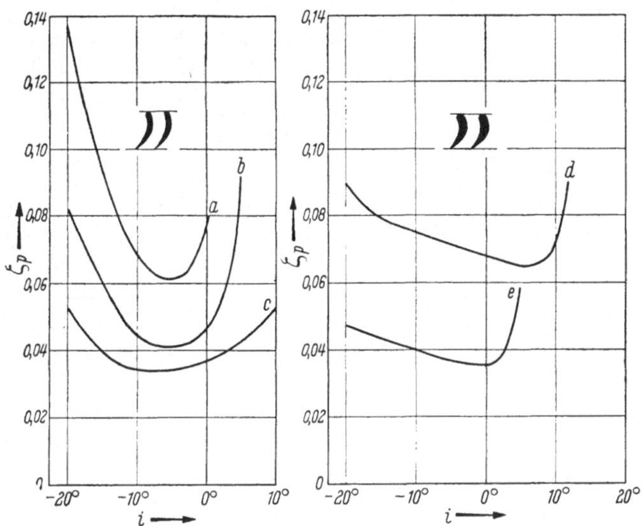

Abb. 61. Britische Versuchsergebnisse über die Abhängigkeit der Profilverluste vom Zuströmwinkel nach REEMAN

a, b, c Tragflügelprofilgitter, parabolische Skelettlinie mit $x_f/l = 0{,}45$; $\Delta \beta' = 85°$; $t/l = 0{,}5$

Kurve	a	b	c
β_s	90°	83,5°	77°
β_1'	40,8°	47,3°	53,8°
β_2'	54,2°	47,7°	41,2°

d, e Gleichdruckschaufelgitter, entworfen für konstante Kanalweite bei $t/l = 0{,}625$; $\beta_2' = 43°$

Kurve	d	e
t/l	0,5	0,75

Nach Überschreitung der kritischen REYNOLDS-Zahl Re_{kr} von etwa 10^5 fallen die Verlustbeiwerte im allgemeinen, ähnlich wie bei der Platten- und Rohrströmung, mit etwa $Re_{eff}^{-1/4}$ bis $Re_{eff}^{-1/5}$ langsam ab (Abb. 66, Kurven e und f). Abb. 67 zeigt nach britischen Messungen [22, 24] einen noch geringeren Abfall. Bei rauhen Schaufeloberflächen verhalten sich die Schaufelverluste ähnlich wie bei rauhen Platten, bleiben also nach einem Übergangsgebiet praktisch konstant (Abb. 66, Kurven a bis d).

Bei Unterschreitung der kritischen REYNOLDS-Zahl von etwa 10^5 verhalten sich die Verlustbeiwerte verschieden, je nachdem, ob die Profil-

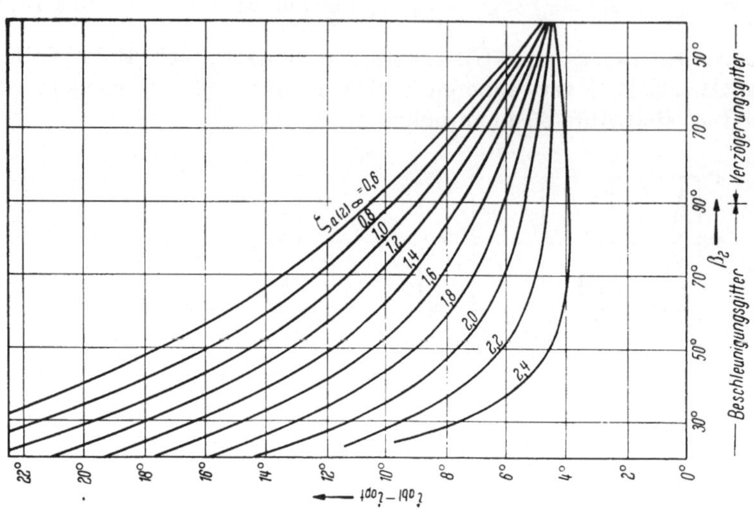

Abb. 63. Zuströmwinkel für beginnende Ablösung i_{abl} zu Abb. 62 [22]

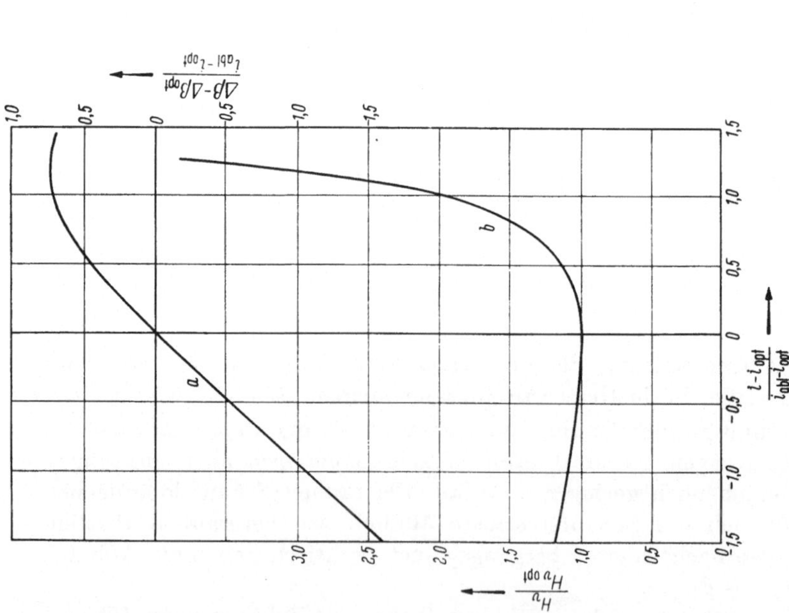

Abb. 62. Verhalten der in Abb. 47 bis 50 behandelten Profilgitter bei Abweichungen von der optimalen Zuströmrichtung [22]
a für die Umlenkungen $\Delta\beta$ b für die Verlusthöhen H_v im Gitter

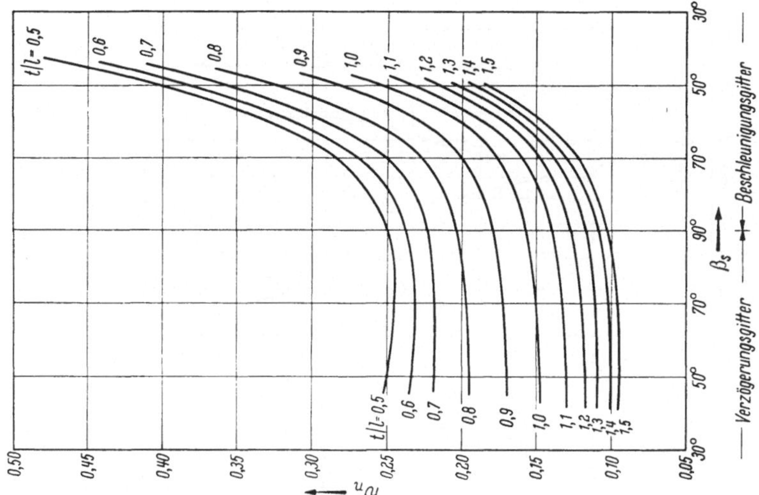

Abb. 65. Gitterkorrekturbeiwerte zu Gl. (3.3/13) [22]

—— Verzögerungsgitter —— —— Beschleunigungsgitter ——

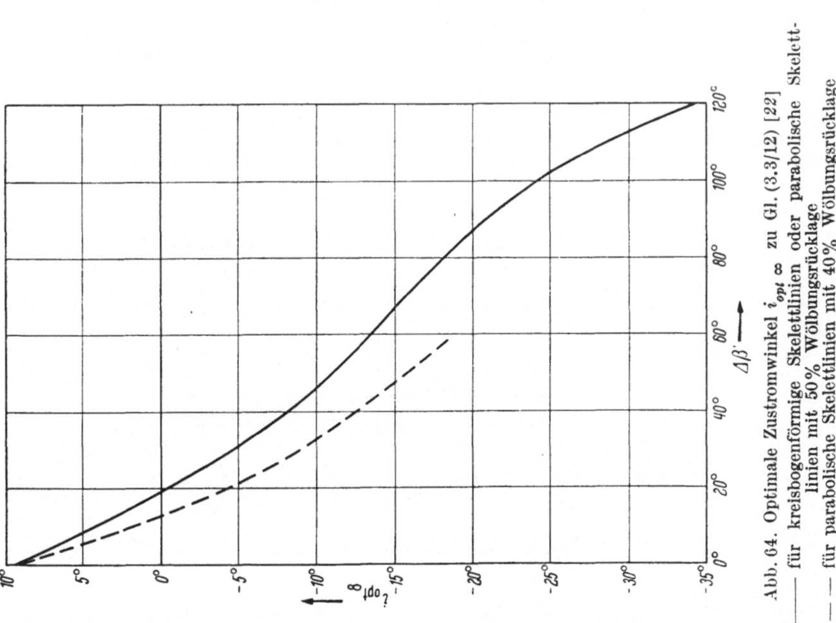

Abb. 64. Optimale Zustromwinkel i_{opt} zu Gl. (3.3/12) [22]

——— für kreisbogenförmige Skelettlinien oder parabolische Skelettlinien mit 50% Wölbungsrücklage

— — — für parabolische Skelettlinien mit 40% Wölbungsrücklage

form so gestaltet ist, daß Ablösungen der laminaren Grenzschicht vermieden werden oder nicht. Sind Ablösungen vermieden, so erhält man

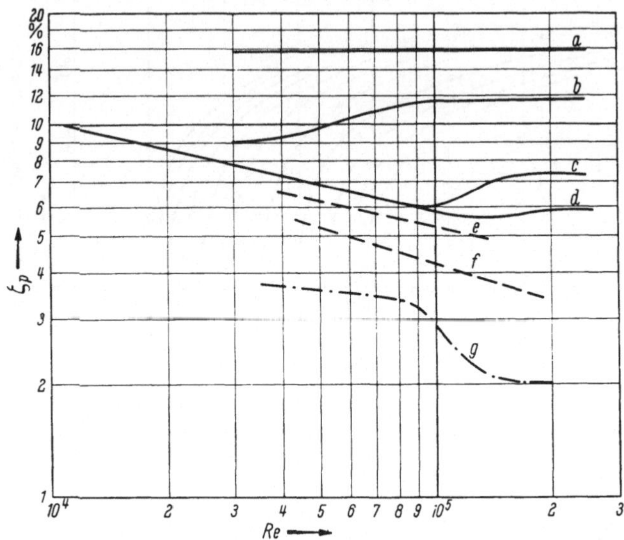

Abb. 66. Versuchsergebnisse über die Abhängigkeit der Verluste in Turbinenschaufelgittern von der REYNOLDS-Zahl [40 bis 42]

a Profiloberfläche mit Sandkörnern 1 mm ⌀ versehen   ⎫
b Profiloberfläche mit Sandkörnern 0,4 mm ⌀ versehen   ⎬ Sehnenlänge
c Profiloberfläche geschmirgelt   ⎪ der Profile
d Profiloberfläche lackiert   ⎭ $l \approx 400$ mm
e und f zwei Dampfturbinenschaufelgitter
g Turbinenleitschaufelgitter

Die hier verwendeten REYNOLDS-Zahlen wurden mit dem äquivalenten Durchmesser $d_{\ddot{a}} = 4 \cdot F/U$ am Schaufelkanalaustritt gebildet. Sie können daher für die verschiedenen Profilgitter nicht verglichen werden

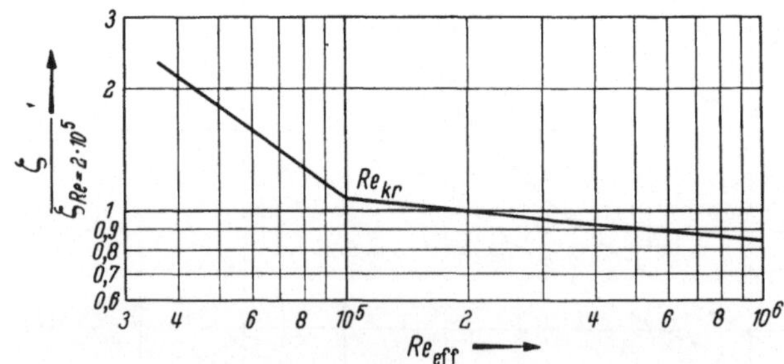

Abb. 67. Richtwerte für die Änderung der Verlustbeiwerte von Turbinenschaufelgittern mit der REYNOLDS-Zahl nach britischen Unterlagen [22]

in diesem Bereich mit fallender REYNOLDS-Zahl einen Anstieg der Verluste mit etwa $Re_{eff}^{-1/2}$. Abb. 68 [44] nach britischen Versuchsergebnissen zeigt einen steileren Anstieg in diesem Bereich, was vermuten läßt, daß laminare Ablösungen zumindest nicht ganz vermieden werden konnten. Dasselbe gilt für Kurve g in Abb. 66, wo man einen Verlauf des Verlustbeiwertes erhalten hat, der weitestgehend dem Verhalten des Widerstandsbeiwertes eines quer angeströmten Zylinders im Übergangsgebiet von der laminaren Ablösung zur anliegenden Strömung im turbulenten Bereich entspricht.

Allgemein gilt, daß immer mit der effektiven REYNOLDS-Zahl $Re_{eff} = TF \cdot Re$ zu arbeiten ist. Dabei ist Re die normale REYNOLDS-Zahl $Re = w_2 \cdot l/\nu_2$ ($w_2 =$ Strömungsgeschwindigkeit am Gitteraustritt, $l =$ Sehnenlänge des Profiles, $\nu_2 =$ kinematische Zähigkeit für den Zustand am Gitteraustritt) und TF der Turbulenzfaktor. In den Turbomaschinen hat man wegen des turbulenzerhöhenden Einflusses der Nachlaufzonen der vorhergehenden Schaufelreihen sicher mit recht hohen Turbulenzfaktoren (z. B. $TF \approx 2$) zu rechnen, doch sind hierüber noch kaum eindeutige Meßergebnisse bekannt geworden.

Während sich bei den Verzögerungs-(Verdichter-)Gittern der MACH-Zahleinfluß (Kompressibilitätseinfluß) ab einer bestimmten MACH-Zahl durch

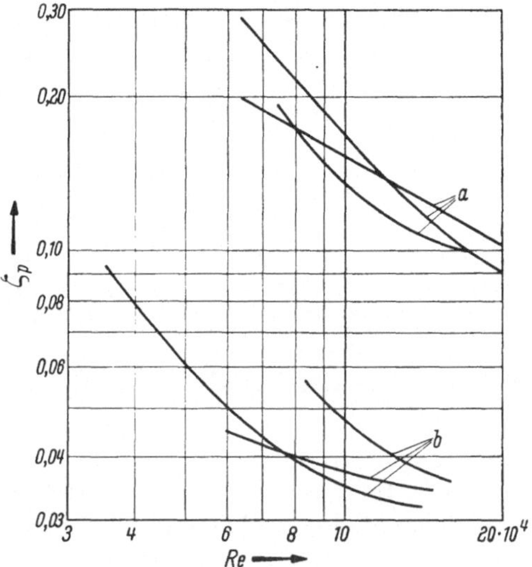

Abb. 68. Britische Versuchsergebnisse über die Änderung der Verlustbeiwerte von Turbinenschaufelgittern mit der REYNOLDS-Zahl [44]

a drei Gleichdruckschaufelgitter
b drei Reaktionsschaufelgitter

ein starkes Ansteigen der Verluste bemerkbar macht, liegen die Verhältnisse bei Beschleunigungs-(Turbinen-)Gittern anders. Im allgemeinen sind die Turbinengitter so gestaltet, daß die Beschleunigung des Strömungsmittels gegen den Austritt des Schaufelkanals zu besonders stark wird. Dadurch werden bei schallnaher Abströmung die starken Verzögerungen hinter örtlichen Überschallfeldern und die damit verbundenen Verdichtungsstöße und Ablösungen räumlich weitestgehend beschränkt. Es tritt daher in der Nähe der Abström-MACH-Zahl Eins im allgemeinen nur eine relativ geringe Verschlechterung der Verlustbeiwerte auf (Abb. 69) [43]. Bei weiterer Steigerung der MACH-Zahl und Überschreitung der Abström-MACH-Zahl Eins werden die Verluste wieder geringer, da dann eine Wiederverzögerung auf Unterschallgeschwindig-

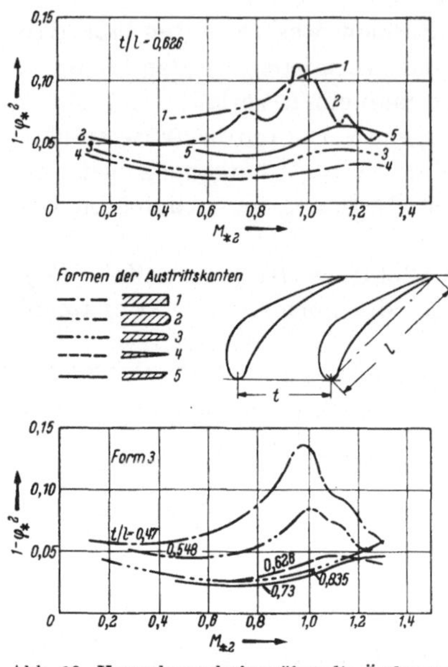

Abb. 69. Versuchsergebnisse über die Änderung
der Verlustbeiwerte von Turbinen-Leitschaufel-
gittern mit der MACH-Zahl [43]
M_{*2} = MACH-Zahl der Abströmgeschwindigkeit
für isentrope Expansion, gebildet mit der kritischen Schallgeschwindigkeit

keiten in Fortfall kommt. Bei einigen britischen Messungen im schallnahen Bereich (Abb. 70) wurde bereits bei der Abström-MACH-Zahl Eins ein niedrigerer Verlustbeiwert als vor dem Anstieg erreicht [44].

In Abb. 71 sind einige Gitterversuchsergebnisse über dem gesamten erfaßten MACH-Zahlbereich zusammengestellt [45 bis 48]. Hierbei ist zu beachten, daß sich bei den üblichen Gitterversuchen sowohl die REYNOLDS-Zahl als auch die MACH-Zahl verändert. Wie in Abschn. 1.5 dargelegt, kann die REYNOLDS-Zahl in einen vom Kesselzustand (Gesamtzustand) vor dem Gitter und einen von der dimensionslosen Stromdichte Θ abhängigen Anteil zerlegt werden. Da sich bei den Gitterversuchen der erste Anteil oft nicht wesentlich ändert, geht die REYNOLDS-Zahl abhängig von der MACH-Zahl etwa proportional zur dimensionslosen Stromdichte Θ. Im Bereich schallnaher Abströmung ändert sich die dimensionslose Stromdichte und damit die REYNOLDS-Zahl nur wenig, so daß die

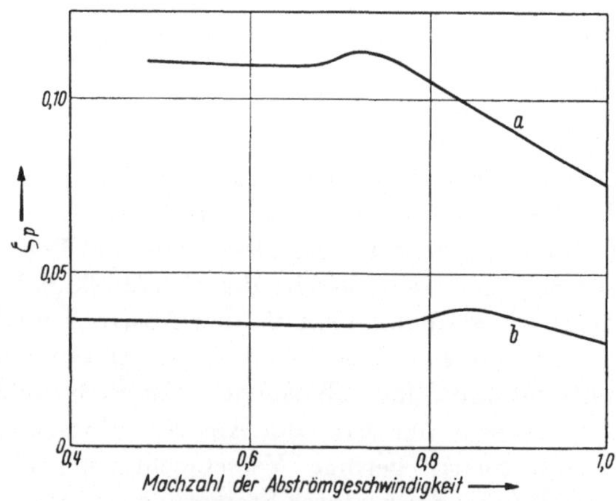

Abb. 70. Britische Versuchsergebnisse über die Änderung der Verlustbeiwerte von Turbinenschaufelgittern mit der MACH-Zahl [44]

a Gleichdruckschaufelgitter $\qquad$ b Leitschaufelgitter in Abb. 70 gezeigten Änderungen der Verlustbeiwerte einem reinen MACH-Zahleneinfluß entsprechen. Der im Bereich der niedrigen MACH-Zahlen (unter $M \approx 0{,}75$ bis $0{,}80$) in Abb. 72 ersichtliche Anstieg der Verluste mit sinkender MACH-Zahl ist hingegen durch die sich mit der MACH-Zahl gleichzeitig ändernde REYNOLDS-Zahl bedingt. Die Größe dieses

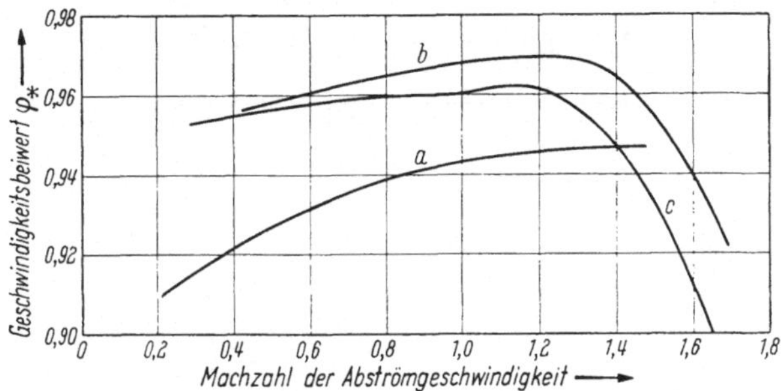

Abb. 71. Versuchsergebnisse über die Änderung der Geschwindigkeitsbeiwerte von Turbinenschaufelgittern mit der MACH-Zahl von AEG (a), BBC (b) und H. Kraft (c) [45—48]

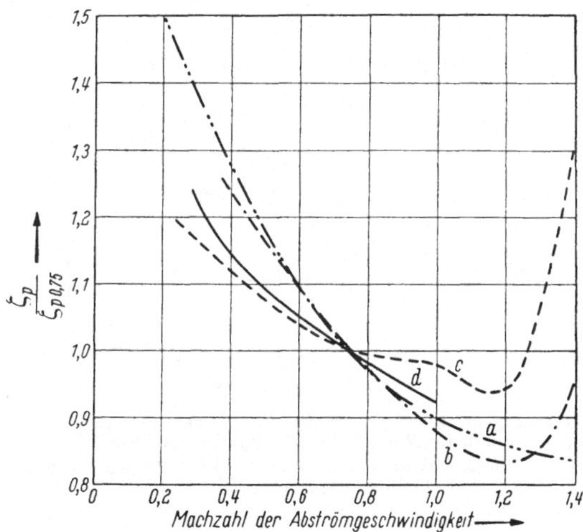

Abb. 72. Vergleich verschiedener Versuchsergebnisse über die Änderung der Verlustbeiwerte von Turbinenschaufelgittern mit der MACH-Zahl

a bis c von Abb. 71; d = WEWERKA u. SCHMIDT [49] (deren Abb. 123)

$\zeta_{p\,0{,}75}$ = Verlustbeiwert ζ_p bei der Abström-MACH-Zahl $0{,}75$

Anstieges hängt entsprechend dem oben gesagten davon ab, ob es sich um laminare oder turbulente Strömung usw. handelt. Wie einige Versuchsergebnisse von WEWERKA und SCHMIDT [49] zeigen, findet manchmal im Bereich der niedrigen MACH-Zahlen mit sinkender MACH-Zahl ein Übergang aus dem turbulenten in den laminaren Bereich statt. Normalerweise kann man mit turbulenter Strömung, also einer Änderung

6*

des Verlustbeiwertes etwa proportional $Re^{-1/4}$ bis $Re^{-1/5}$, d. h. in erster Näherung proportional $\Theta^{-1/4}$ bis $\Theta^{-1/5}$ rechnen.

Im allgemeinen wird man bei der Berechnung von Turbinenkennfeldern nur den mit der MACH-Zahl gekoppelten REYNOLDS-Zahleneinfluß berücksichtigen. Die Anstellwinkelabhängigkeit berücksichtigt man am einfachsten dadurch, daß man die Werte der Kurve für die optimalen Verlustbeiwerte in Abhängigkeit von der MACH-Zahl mit einem Faktor

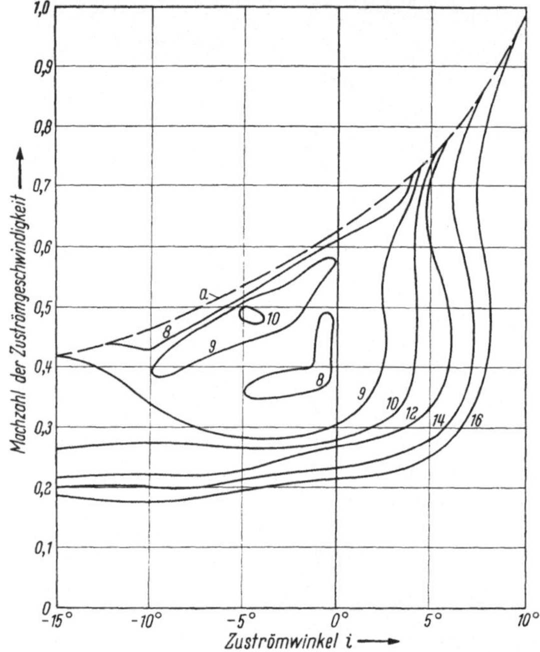

Abb. 73. Britische Versuchsergebnisse über die Änderung der Verlustbeiwerte von Turbinenschaufelgittern mit der MACH-Zahl und dem Zuströmwinkel [50]

a = Zuströmmachzahl für kritischen Zustand am Gitteraustritt; Zahlen an den Kurven = Verlustbeiwert ζ_p in %

multipliziert, der die Anstellwinkelabhängigkeit wiedergibt. Daß diese Superpositionsmethode an sich inkorrekt ist, zeigen die in Abb. 73 wiedergegebenen britischen Versuchsergebnisse [50]. Es ist zu beachten, daß hier die MACH-Zahl nicht auf die *Abström-*, sondern auf die *Zuström*geschwindigkeit bezogen ·ist. Dementsprechend erscheint hier eine Kurve a, längs der die Abströmung vom Gitter den kritischen Zustand erreicht.

Die Abströmrichtung von Turbinengittern kann im Bereich der unterkritischen Abström-MACH-Zahlen infolge der großen Umlenkungen und engen Teilungen im allgemeinen mit ausreichender Annäherung als unabhängig von der Zuströmrichtung, REYNOLDS-Zahl und MACH-Zahl angenommen werden. Man berechnet sie aus der engsten Schaufelkanalweite am Gitteraustritt A_{min} und der Teilung t aus:

$$\sin\beta_2 = A_{\mathrm{min}}/t \qquad (3.3/14)$$

Daß diese Methode nicht korrekt ist, zeigen die in Abb. 74 wiedergegebenen britischen Versuchsergebnisse [44], doch sind die Abweichungen im allgemeinen vernachlässigbar.

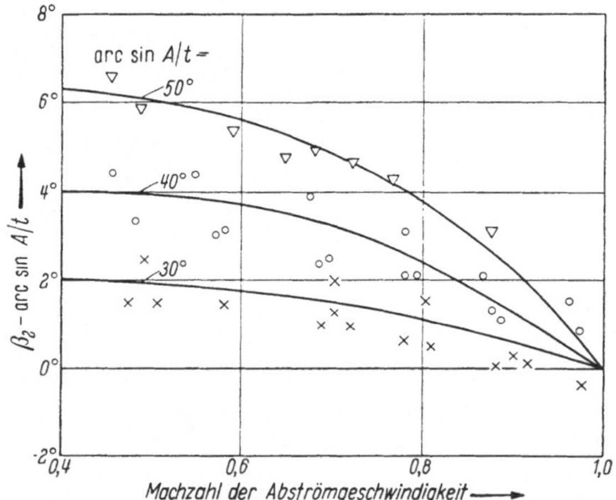

Abb. 74. Versuchsergebnisse über die Austrittsablenkung von Turbinenschaufelgittern [44]
Grundprofil T 6 (vgl. Tab. 3.3/1); $t/l = 0,55 \cdots 0,63$; $d/l = 0,15 \cdots 0,30$; $Re_{eff} > 1,5 \cdot 10^5$
∇ = arc sin A_{min}/t = $45 \cdots 55°$ $\bigcirc$ = arc sin A_{min}/t = $35 \cdots 45°$ $\times$ = arc sin A_{min}/t = $25 \cdots 35°$
In der Bildbeschriftung ist statt A zu lesen A_{min}

Liegen eigene Versuchsergebnisse für die in der Turbine verwendeten Schaufelgitter vor, so wird man sowohl für die Abströmrichtungen als auch für die Verlustbeiwerte diesen gegenüber obigen allgemeinen Angaben den Vorzug geben.

Unterschreitet das an den Schaufelkranz angelegte Druckverhältnis $\Pi = p_2/p_{g1}$ seinen kritischen Wert p_{2kr}/p_{g1}, so tritt im Schrägabschnitt ABC der Beschaufelung (Abb. 75) eine Expansion auf überkritische Strömungsgeschwindigkeiten (bei isentroper Strömung: auf Überschallgeschwindigkeiten) auf, verbunden mit Änderungen der Abströmrichtung (Austrittsablenkungen). Der Durchsatz des Kranzes bleibt im überkritischen Bereich ungeändert. Er berechnet sich also auch weiterhin mit dem Wert der dimensionslosen Stromdichte Θ_{kr} für das kritische Druckverhältnis p_{2kr}/p_{g1} und den hierzu und zu dem vorhandenen Zuströmwinkel β_1 gehörigen Geschwindigkeitsbeiwert φ_*. Setzen wir für die folgenden Betrachtungen voraus, daß die Schaufelreihe zwischen koaxialen Zylinderflächen eingebaut ist, so berechnet sich der Austrittswinkel $\beta_{2\,ü\,kr}$ der infolge der überkritischen Expansion um δ abgelenkten Abströmung vom Schaufelkranz aus dem bei kritischer Expansion vorhandenen Abströmwinkel $\beta_{2\,kr}$ durch [47, S. 68]:

$$\sin \beta_{2\,ü\,kr} = \sin (\beta_{2\,kr} + \delta) = \frac{\Theta_{kr}}{\Theta_{ü\,kr}} \cdot \sin \beta_{2\,kr} \qquad (3.3/15)$$

Dabei bedeutet $\Theta_{ü\,kr}$ die zum überkritischen Druckverhältnis gehörige dimensionslose Stromdichte für jenen Geschwindigkeitsbeiwert φ_*, der diesem Druckverhältnis und dem vorhandenen Zuströmwinkel β_1 entspricht. Für den Sonderfall *isentroper* Strömung mit $k = 1{,}35$ sind in

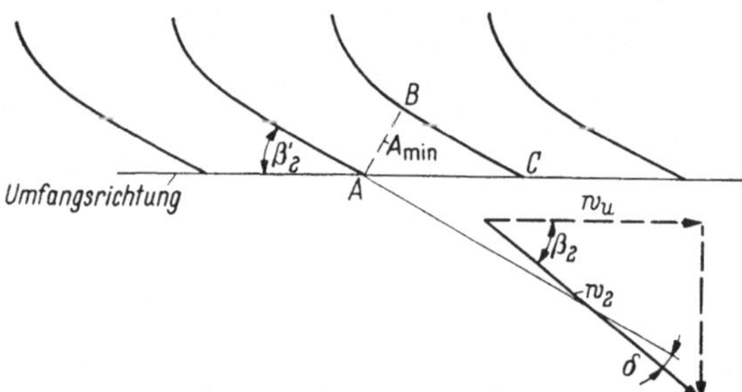

Abb. 75. Idealisierte Form des Austrittsdreieckes einer Turbinenbeschaufelung für die Berechnung der überkritischen Austrittsablenkung δ

Abb. 76 die so berechneten Austrittsablenkungen δ zusammengestellt. Diese Austrittsablenkungen können sich aber nur so lange einstellen, bis die Expansionsströmung auf überkritische Abström-MACH-Zahlen das Austrittsdreieck voll ausfüllt. Nach WEWERKA und SCHMIDT erhält man das zu diesem Abströmzustand gehörige Grenzdruckverhältnis $p_{2\,gr}/p_{g\,1}$ mit ausreichender Annäherung aus folgender Betrachtung für *isentrope* Strömung:

Wäre kein Austrittsdreieck vorhanden, so läge der Fall einer senkrecht abgeschnittenen Mündung vor. Bei überkritischer Expansion würden die bekannten Schwingungsbilder auftreten. Nur ein Teil der über den kritischen Wert hinausgehenden Expansionsenergie führt dann zu einer Steigerung der Abströmgeschwindigkeit senkrecht zum Mündungsendquerschnitt (entsprechend $A-B$ in Abb. 75), während der Rest als Schwingungsenergie wiedergefunden wird. Aus einer Impulsbetrachtung für die Richtung senkrecht zu $A-B$ folgt, daß die Geschwindigkeit in dieser Richtung durch Hinzufügung des Schrägabschnittes (Austrittsdreieckes) nicht geändert wird. Voraussetzung ist dabei, daß der das Austrittsdreieck begrenzende Schaufelrücken ($B-C$ in Abb. 75) parallel zur Mündungsachse liegt, was meist hinreichend der Fall ist. Die der Ablenkung im Austrittsdreieck entsprechende Geschwindigkeitskomponente senkrecht zum Schaufelrücken $B-C$ kann daher höchstens so groß werden, wie der Schwingungsenergie der bei $A-B$ senkrecht abgeschnittenen Mündung entspricht. Daraus erhält man für die uns vorzugsweise

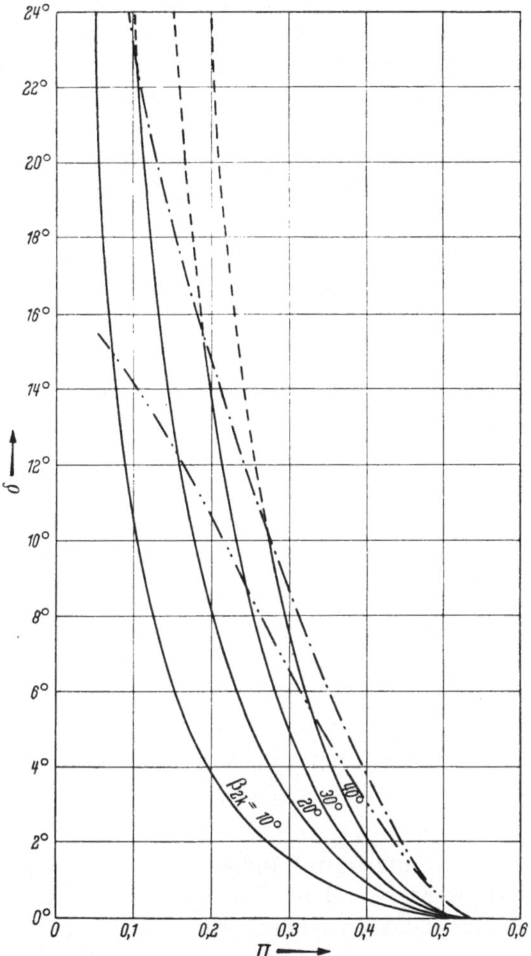

Abb. 76. Austrittsablenkung bei überkritischer Abströmung für isentrope Expansion [*49*]
Isentropenexponent $k = 1,35$ ———— δ nach Gl. (3.3/15)
——·—— $\delta_{\max}$ nach Gl. (3.3/16)   ———··—— δ_t nach Gl. (3.3/18)

interessierenden Beschaufelungen ohne lavaldüsenartige Erweiterung vor $A-B$ als maximal mögliche Austrittsablenkung:

$$\cos \delta_{\max} = \frac{1}{M_{*\,gr}} \cdot \left[1 + \frac{1}{k} \cdot \left(1 - \frac{p_{2\,gr}/p_{g\,1}}{p_{2\,kr}/p_{g\,1}} \right) \right] \qquad (3.3/16)$$

Hierin ist $M_{*\,gr}$ die zu $p_{2\,gr}/p_{g\,1}$ gehörige MACH-Zahl bezogen auf die Schallgeschwindigkeit des kritischen Zustandes. Die nach Gl. (3.3/15) gerechneten überkritischen Austrittsablenkungen gelten also nur bis zu den durch Gl. (3.3/16) gegebenen Höchstwerten (vgl. Abb. 76). Was bei noch weiterer Absenkung des Druckes hinter dem Gitter, also bei Unterschreitung des so gegebenen Grenzdruckverhältnisses unter der Voraussetzung koaxialer Zylinder als Begrenzung des Strömungsraumes hinter dem Gitter passiert, kann bisher nicht eindeutig beantwortet werden.

Zu beachten ist noch, daß mit zunehmender überkritischer Expansion die Zunahme der für die Turbinenleistung maßgebenden Umfangs-

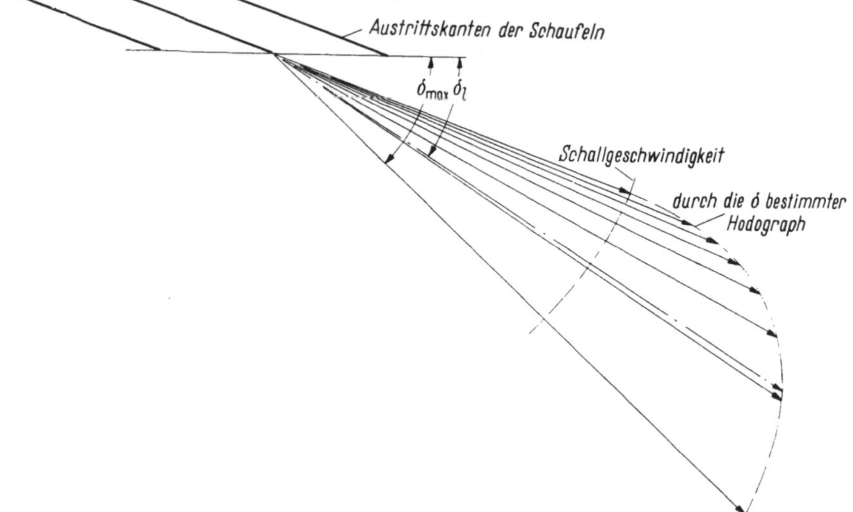

Abb. 77. Hodograph einer überkritischen Abströmung für isentrope Expansion Isentropenexponent
$k = 1,35$ [32]
δ_{max} nach Gl, (3.3/16); δ_l nach Gl. 3.3/18)

komponente der Abströmgeschwindigkeit immer geringer wird, um schließlich Null zu werden und in eine Wiederabnahme überzugehen (Abb. 77). Für das Expansionsdruckverhältnis p_{2l}/p_{g1}, das dem Auftreten der maximalen Umfangskomponente entspricht, erhält man bei Annahme *isentroper* Strömung [32]:

$$\frac{p_{2l}}{p_{g1}} = \left(\frac{p_{2kr}}{p_{g1}}\right) \cdot (\sin\beta_{2kr})^{\frac{2 \cdot k}{k+1}} \tag{3.3/17}$$

und für die zugehörige Austrittsablenkung δ_l:

$$\sin(\beta_{2kr} + \delta_l) = \frac{\sqrt{\dfrac{k-1}{k+1} \cdot (\sin\beta_{2kr})^{\frac{k-1}{k+1}}}}{\sqrt{1 - \dfrac{2}{k-1} \cdot (\sin\beta_{2kr})^{\frac{2 \cdot (k-1)}{k+1}}}} \tag{3.3/18}$$

Wie Abb. 76 und 77 zeigen, erreicht man bei *isentroper* Expansion das Druckverhältnis p_{2l}/p_{g1} vor dem Druckverhältnis p_{2gr}/p_{g1}. Man kann daher annehmen, daß für *verlustbehaftete* Expansion im allgemeinen dasselbe gilt, so daß man in der Kennfeldrechnung die überkritische Expansion unbedenklich jeweils soweit verfolgen kann, bis die Umfangskomponente der Abströmgeschwindigkeit und damit die Wellenleistung der Turbine ihren Größtwert erreichen (Leistungsgrenze der Turbine). Dabei sind die Ablenkungen nach Gl. (3.3/15) zu berechnen, indem man für Θ_{kr} und $\Theta_{\ddot{u}kr}$ die Werte für verlustbehaftete Strömung einsetzt.

Sollte die engste Durchtrittsfläche des Schaufelkanales eines Kranzes schon vor seinem Austritt erreicht werden, es sich also um *Lavaldüsen* handeln, so ist auch in diesem Falle der Durchsatz mit dem kritischen Wert der dimensionslosen Stromdichte Θ_{kr} und dem engsten Querschnitt der Düse zu rechnen. Für die Berechnung der Austrittsablenkungen ist jedoch nicht vom *kritischen*, sondern von dem zur gewählten Erweiterung der Lavaldüse *passenden* Druckverhältnis auszugehen [*49*].

3.4 Die Turbine bei inkompressiblem Strömungsmittel

Abb. 78 zeigt die Beschaufelung einer zweistufigen Turbine, sowie die zugehörigen Geschwindigkeits- und Umlenkungsdreiecke und die im vorliegenden und dem nächsten Abschnitt verwendeten Bezeichnungen. Besonders einfach ist wieder das Verhalten einer Turbinenstufe bei inkompressiblem Strömungsmittel (kleinen MACH-Zahlen) zu übersehen. Abb. 79 zeigt deren Geschwindigkeitsdreiecke. Wir legen — wie schon erwähnt — zur Vereinfachung den betrachteten Schnitt in der Laufbeschaufelung so, daß die Durchmesser davor (Index 1) und dahinter (Index 2) gleich sind. Damit sind auch die Umfangsgeschwindigkeiten vor und hinter dem Laufrad gleich. Ferner bleibt bei inkompressiblem Strömungsmittel das Verhältnis der Axialkomponenten der Geschwindigkeiten $\mu_{ax} = c_{ax2}/c_{ax1}$, das durch das Verhältnis der axialen Durchtrittsflächen F_{ax2}/F_{ax1} gegeben ist, bei Änderungen des Betriebszustandes konstant. Ändert sich nun z. B. die Drehzahl und damit die Umfangsgeschwindigkeit der Turbinenstufe und bleiben die Austrittsrichtungen des Strömungsmittels aus den Leitschaufeln (α_1) und aus den Laufschaufeln (β_2) in ausreichender Annäherung unverändert, so erhält man für die Kennlinie der Turbinenstufe (ähnlich wie in Abschn. 2.4 für eine Verdichterstufe) die Beziehung [*51*]:

$$\frac{\psi_i}{2} = \varphi_1 \cdot (\cot\alpha_1 + \mu_{ax} \cdot \cot\beta_2) - 1 \qquad (3.4/1)$$

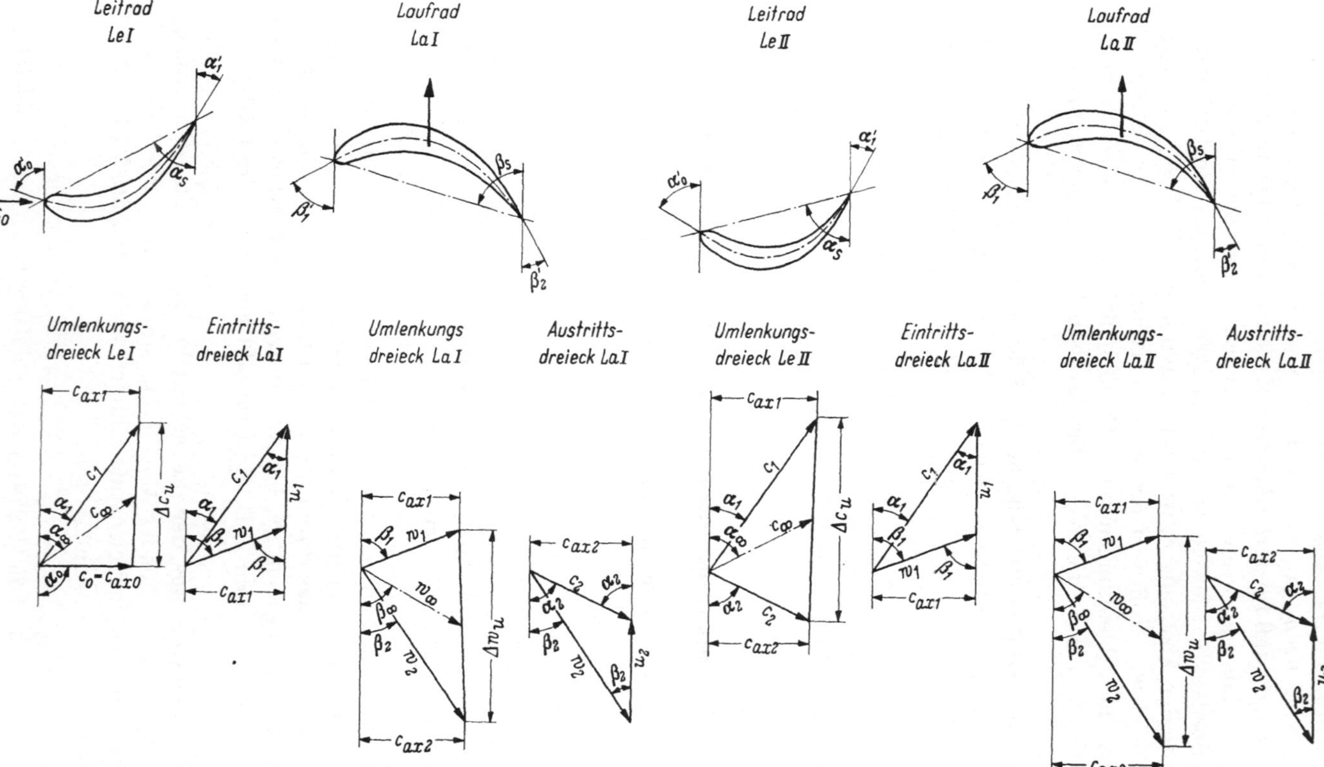

Abb. 78. Bezeichnungen in Axialturbinen

Beispiel einer zweistufigen Turbine; Zuströmwinkel relativ zur Skelettlinieneintrittstangente $i_{Le} = \alpha'_0 - \alpha_2$ bzw. $i_{La} = \beta'_1 - \beta_1$; Austrittsablenkungen $\delta_{Le} = \alpha_1 - \alpha'_1$ bzw. $\delta_{La} = \beta_2 - \beta'_2$; Umlenkungswinkel der Strömung $\Delta\alpha = 180° - \alpha_2 - \alpha_1$ bzw. $\Delta\beta = 180° - \beta_1 - \beta_2$; Krümmungswinkel der Profilskelettlinien $\Delta\alpha' = 180° - \alpha'_1 - \alpha'_0$ bzw. $\Delta\beta' = 180° - \beta'_1 - \beta'_2$

Sie ist eine Gerade (Abb. 80, Kurve a) mit dem Anstieg $(\cot\alpha_1 + \mu_{ax}\cdot\cot\beta_2)$, die die ψ_i-Achse im Punkte -2 schneidet[1]. Treten Austrittsablenkungen entsprechend den Gesetzmäßigkeiten der Potentialströmung durch ebene

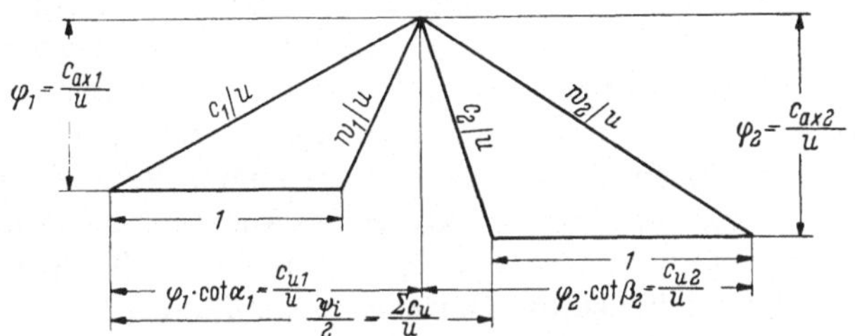

Abb. 79. Geschwindigkeitsdreiecke einer Turbinenstufe für den *konstanten* mittleren Durchmesser D [51]
Alle Geschwindigkeiten wurden dimensionslos als Vielfache der Umfangsgeschwindigkeit u dargestellt

Schaufelgitter auf, so erhält man ähnlich wie für die Verdichterstufe (vgl. Gl. [2.4/8]) wieder eine gerade Kennlinie, jedoch mit etwas geändertem Anstieg und Schnittpunkt mit der ψ_i-Achse. Bei anderen Gesetzmäßigkeiten für die Austrittsablenkungen ergeben sich geringe Abweichungen vom geradlinien Verlauf der ψ_i-φ-Kennlinie. Aus diesen Abweichungen kann man Rückschlüsse auf die Winkeländerungen ziehen[2].

Die hier abgeleitete Kennlinie einer Turbinenstufe unterscheidet sich von jener einer Verdichterstufe nur durch die umgekehrte Wahl des Vorzeichens der Innenleistungszahl. Bei der Turbine wird eine Leistungs*abgabe*, beim Verdichter eine Leistungs*aufnahme* als positiv bezeichnet. Dem üblichen Arbeitsbereich einer Verdichterstufe entspricht in Abb. 80 das Kennlinienstück unterhalb der

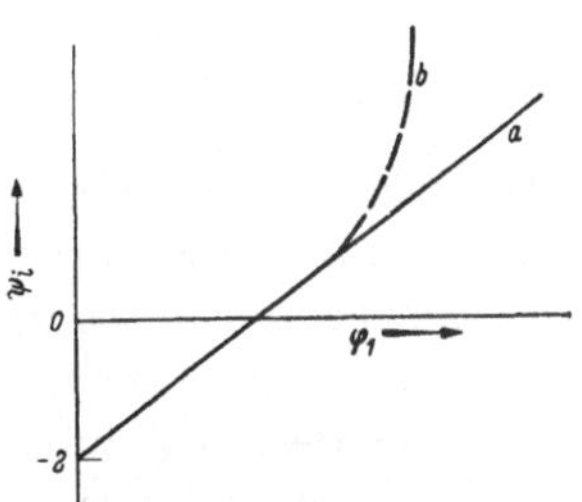

Abb. 80. Kennlinie einer Turbinenstufe [51]
a für inkompressibles Strömungsmittel
b für kompressibles Strömungsmittel

φ-Achse. Eine Turbinenstufe kann in diesem Bereich als Verdichter arbeiten, wenn die Beschaufelungen so ausgebildet sind, daß sie dort noch genügend verlustarm arbeiten.

---

[1] Bei Benutzung der Schnellaufzahl u/c_0 anstelle der Innenleistungszahl ψ_i wäre diese einfache Gestalt der Kennlinie verborgen geblieben. Zwischen den genannten Kennzahlen besteht der Zusammenhang $\psi_i = \psi_e/\eta_m = \eta_e/[\eta_m\cdot(u/c_0)^2]$ $= \eta_i/(u/c_0)^2$, wobei ψ_e die Effektivleistungszahl, η_e der effektive Wirkungsgrad, η_m der mechanische und η_i der Innenwirkungsgrad ist.

[2] Bei Luftturbinenversuchen im inkompressiblen Bereich hat sich hierfür die Auftragung der Versuchswerte für die Größe $\left(\dfrac{\psi_i}{2}+1\right)\varphi_1 = \cot\alpha_1 + \mu_{ax}\cdot\cot\beta_2$ als sehr wertvoll erwiesen. Meßfehler treten in dieser Auftragung besonders deutlich zutage.

Zunächst ist noch nicht festgelegt, ob eine Änderung von φ durch Änderung des Durchsatzes oder der Drehzahl der Turbinenstufe hervorgerufen wird. Es hat sich jedoch als vorteilhaft erwiesen, die ψ_i-φ-Kennlinien jeweils für konstante Umfangs-MACH-Zahl M_u aufzutragen. Für unveränderliche Austrittswinkel der Strömung aus den Beschaufelungen fallen diese Kennlinien allerdings im inkompressiblen Bereich für alle Umfangs-MACH-Zahlen zusammen. Dies ändert sich jedoch im kompressiblen Bereich durch die sich dann einstellenden Veränderungen des Wertes $\mu_{ax} = c_{ax\,2}/c_{ax\,1}$ und die überkritischen Austrittsablenkungen. Wir wollen daher bereits jetzt die Festlegung treffen, daß die genannten Kennlinien immer für konstante Umfangs-MACH-Zahlen M_u aufgetragen werden sollen. Verwendet man entsprechend der Auftragungsart V der Tab. 1.4/1 nicht φ, sondern $\varphi \cdot M_u^2$ als Abszisse, so unterscheiden sich die Kennlinien für verschiedene M_u auch im inkompressiblen Bereich.

Besitzt die Turbine nicht eine, sondern mehrere Stufen, so addieren sich die Leistungen der einzelnen Stufen und damit auch deren Leistungszahlen[1]. Die Kennlinien mehrstufiger Turbinen werden hierdurch steiler.

3.5 Die Turbine bei kompressiblem Strömungsmittel

Ist das Strömungsmittel kompressibel, so wird die Dichte desselben bei der Durchströmung der Turbine fortschreitend geringer. Die auf den Eintrittszustand bezogene Durchflußzahl φ_E wächst dadurch nicht mehr wie bei inkompressiblem Strömungsmittel linear mit der Innenleistungszahl ψ_i, sondern mit zunehmendem Gefälle immer schwächer an (Abb. 80, Kurve b). Ist schließlich in einem der Schaufelkränze der kritische Zustand erreicht, so ändert sich φ_E bei weiterer Steigerung des Gefälles überhaupt nicht mehr, d. h. die ψ_i-φ_E-Kennlinie verläuft weiterhin vertikal. In welchem Kranz zuerst der kritische Zustand erreicht wird, hängt von der Verteilung der Gefälle auf die einzelnen Schaufelkränze, also von der Auslegung der Turbine ab.

Überschreitet an einem Schaufelkranz das Gefälle seinen kritischen Wert, so treten am Austritt desselben nach Abschn. 3.3 die überkritischen Ablenkungen der Strömung auf. Die Umfangskomponente der Abströmgeschwindigkeit aus der Beschaufelung, die für die Innenleistung der Turbine maßgebend ist, nimmt dadurch bei Steigerung des Gefälles immer schwächer zu. Der Anstieg der Innenleistungszahl ψ_i bei Steigerung des an die Turbine angelegten Gefälles wird also immer schwächer, um schließlich ganz aufzuhören, wenn die Umfangskomponente der Abströmgeschwindigkeit ihren maximalen Wert erreicht hat. Das Tur-

---

[1] Die Leistungszahlen der verschiedenen Stufen müssen dazu auf eine einheitliche Umfangsgeschwindigkeit bezogen werden.

Tabelle 3.5/1. *Berechnung eines Turbinenkennfeldes*

Zeile	Wert	Berechnung
(1)	$\dfrac{D_{mLa}}{D_{mE}}$	$\dfrac{D_{a1} + D_{i1} + D_{a2} + D_{i2}}{2 \cdot (D_{aE} + D_{iE})}$
(2)	$\dfrac{F_1}{F_{axE}}$	$\dfrac{D_{a1}^2 - D_{i1}^2}{D_{aE}^2 - D_{iE}^2} \cdot \sin \alpha_1$
(3)	$\dfrac{F_2}{F_{axE}}$	$\dfrac{D_{a2}^2 - D_{i2}^2}{D_{aE}^2 - D_{iE}^2} \cdot \sin \beta_2$
(4)	M_{uE}	Vorgegebener Wert der Umfangs-MACH-Zahl = $\dfrac{D_{mE} \cdot \pi \cdot n/60}{a_E}$
(5)	M_{axE}	Vorgegebener Wert des Massendurchsatzes = $\dfrac{\dot{m}}{F_{axE} \cdot \varrho_E \cdot a_E}$
(6)	p_{g0}/p_E	= 1 für die erste Stufe bzw. $(44)_v$
(7)	a_{g0}/a_E	= 1 für die erste Stufe bzw. $(46)_v$
(8)	α_0	= 90° für die erste Stufe bzw. $(40)_v$
(9)	Θ_{Le}	$\dfrac{(5) \cdot (7)}{(2) \cdot (6)}$
(10)	p_1/p_{g0}	Abgelesen für (8) und (9) aus einem Kurvenblatt entsprechend Abb. 40
(11)	p_1/p_E	$(6) \cdot (10)$
(12)	$\Theta_{Le}/(p_1/p_{g0})$	$(9)/(10)$
(13)	a_1/a_{g0}	Abgelesen für (12) aus Abb. 42, Kurve a_2/a_{g1}
(14)	a_1/a_E	$(7) \cdot (13)$
(15)	c_1/a_1	Abgelesen für (12) aus Abb. 42, Kurve M
(16)	c_{ax1}/a_1	$(15) \cdot \sin \alpha_1$
(17)	c_{u1}/a_1	$(15) \cdot \cos \alpha_1$
(18)	u_{La}/a_1	$(1) \cdot (4)/(14)$
(19)	w_{u1}/a_1	$(17) - (18)$
(20)	$\cot \beta_1$	$(19)/(16)$

Tabelle 3.5/1. (Fortsetzung)

Zeile	Wert	Berechnung
(21)	β_1	Abgelesen für (20) aus Winkelfunktionstafel
(22)	$\sin\beta_1$	Abgelesen für (21) aus Winkelfunktionstafel
(23)	w_1/a_1	(16)/(22)
(24)	$p_1/p_{g\,1}$	Abgelesen für (23) aus einer Abb. entsprechend 1, Kurve M
(25)	$p_{g\,1}/p_E$	(11)/(24)
(26)	$a_1/a_{g\,1}$	$(24)^{\frac{k-1}{2\cdot k}}$
(27)	$a_{g\,1}/a_E$	(14)/(26)
(28)	Θ_{La}	$\dfrac{(5)\cdot(27)}{(3)\cdot(25)}$
(29)	$p_2/p_{g\,1}$	Abgelesen für (21) und (28) aus einem Kurvenblatt entsprechend Abb. 40
(30)	p_2/p_E	(25) · (29)
(31)	$\Theta_{La}/(p_2/p_{g\,1})$	(28)/(29)
(32)	$a_2/a_{g\,1}$	Abgelesen für (31) aus Abb. 42, Kurve $a_2/a_{g\,1}$
(33)	a_2/a_E	(27) · (32)
(34)	w_2/a_2	Abgelesen für (31) aus Abb. 42, Kurve M
(35)	$c_{ax\,2}/a_2$	(34) · $\sin\beta_2$
(36)	$w_{u\,2}/a_2$	(34) · $\cos\beta_2$
(37)	u_{La}/a_2	(1) · (4)/(33)
(38)	$c_{u\,2}/a_2$	(36) − (37)
(39)	$\cot\alpha_2$	(38)/(35)
(40)	α_2	Abgelesen für (39) aus Winkelfunktionstafel
(41)	$\sin\alpha_2$	Abgelesen für (40) aus Winkelfunktionstafel
(42)	c_2/a_2	(35)/(41)

Tabelle 3.5/1. (Fortsetzung)

Zeile	Wert	Berechnung
(43)	$p_2/p_{g\,2}$	Abgelesen für (42) aus einer Abb. entsprechend 1, Kurve M
(44)	$p_{g\,2}/p_E$	(30)/(43)
(45)	$a_2/a_{g\,2}$	$(43)^{\frac{k-1}{2\cdot k}}$
(46)	$a_{g\,2}/a_E$	(33)/(45)
(47)	$H_{i\,\text{Stufe}}\Big/ \dfrac{a_E^2}{2\cdot g}$	$2\cdot(18)\cdot(14)\cdot[(17)\cdot(14)+(38)\cdot(33)]$

für den kritisch werdenden Kranz gerade die höchstmögliche dimensionslose Stromdichte erhält. Ist ein Kranz kritisch geworden, so ändern sich bei weiterer Gefällesteigerung die Zustände in den vorhergehenden Kränzen nicht mehr und der Massendurchsatz der Turbine bleibt weiterhin konstant. Die Zwischenrechnungen, welche die Daten des Abströmzustandes eines überkritisch arbeitenden Schaufelkranzes festlegen, sind in Tab. 3.5/1 nicht aufgenommen worden. Sie sind nach den Angaben von Abschn. 3.3 durchzuführen.

Tab. 3.5/1 wurde unter der Voraussetzung aufgebaut, daß sich die Abströmwinkel der Schaufelkränze nicht verändern. Man kann aber auch Änderungen der Abströmwinkel abhängig vom Zuströmwinkel und Druckverhältnis des betrachteten Schaufelkranzes berücksichtigen, indem man in Zeile (2) und (3) die Winkel α_1 und β_2 veränderlich annimmt und diese jeweils entsprechend den Werten von Zeile (8) und (10) (für Le) bzw. Zeile (21) und (29) (für La) einsetzt. Da die Werte (10) und (29) zunächst nicht bekannt sind, müssen sie erst geschätzt und gegebenenfalls nach Durchrechnung der Stufe die Werte α_1 und β_2 und die gesamte Rechnung für die Stufe korrigiert werden.

Unter der in Tab. 3.5/1 erwähnten „Abbildung entsprechend 1" ist ein Kurvenblatt nach Art von Abb. 1, jedoch für jenen Wert von $k = c_p/c_v$ zu verstehen, mit dem die Berechnung des Turbinenkennfeldes durchgeführt wird (z. B. $k = 1{,}35$).

Ferner wurde in Tab. 3.5/1 vorausgesetzt, daß alle Schaufelkränze denselben Massendurchsatz haben wie der erste Leitkranz, der durch den Wert (5) gegeben ist. Bei gekühlten Turbinen ist die Änderung des Massendurchsatzes durch das Hinzutreten von Kühlluft und die dabei auftretende Temperaturverminderung der Arbeitsgase zwischen den entsprechenden Schaufelkränzen einzufügen. In [31] ist dies im einzelnen erläutert.

Bei der Berechnung des für die Wirkungsgradbestimmung notwendigen, an die Turbine angelegten isentropen Gesamtgefälles (in Form eines MACH-Zahlquadrates) hat es sich aus Gründen der Rechengenauigkeit als günstiger erwiesen, diese Größe durch entsprechende Addition der isentropen MACH-Zahlquadrate der Einzelkränze zu bestimmen, statt es aus dem an die Turbine angelegten gesamten Druckverhältnis zu berechnen. Dabei ist nach durchgeführter Addition ein entsprechender, für

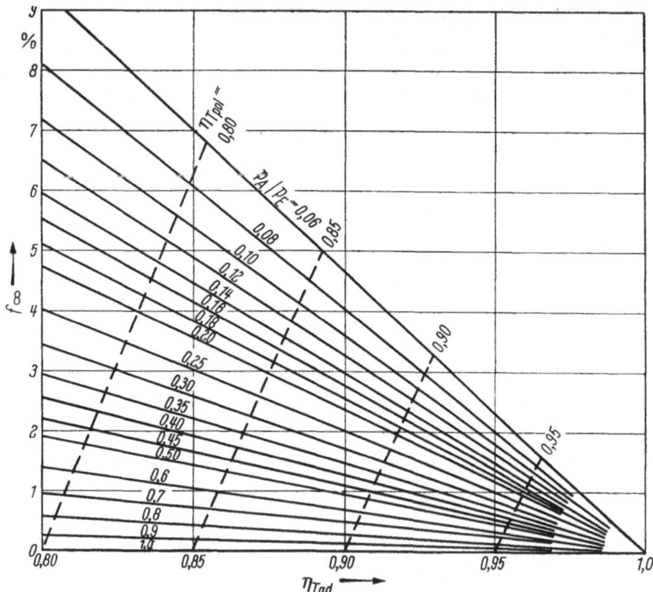

Abb. 81. Wärmerückgewinnungsfaktor f_∞ für unendliche Stufenzahl [13]
Der Wärmerückgewinnungsfaktor f_z für die endliche Stufenzahl z ergibt sich aus $f_z = f_\infty \cdot (z-1)/z$
η_{Tad} = isentroper Turbinenwirkungsgrad; η_{Tpol} = polytroper Turbinenwirkungsgrad

endliche Stufenzahl gerechneter Wärmerückgewinnungsfaktor zu berücksichtigen (Abb. 81). Die als MACH-Zahlquadrate erhaltenen, von den Einzelstufen abgegebenen inneren Gefälle H_i werden ebenfalls addiert und am einfachsten mit einem konstanten mechanischen Wirkungsgrad multipliziert, um die mechanischen Verluste und eine etwaige Kühlluftförderleistung bei gekühlten Laufschaufeln zu berücksichtigen. Damit können dann die Kennzahlen für das Verhalten des gesamten Turbinenteiles berechnet werden.

Für kleine Gefälle liefert die bisher beschriebene Kennfeldrechnung für kompressibles Strömungsmittel zu ungenaue Werte. Man wird daher vorteilhafterweise dieser Rechnung eine solche für jenen Kennfeldteil anschließen, in dem man das strömende Mittel praktisch als inkompressibel ansehen kann. Das zwischen beiden liegende Gebiet wird dann entsprechend interpoliert. Die Rechnung mit inkompressiblem Mittel ist sehr einfach und soll daher nur kurz erläutert werden:

Bei der Berechnung des Kennfeldteiles für inkompressibles Mittel ist es von Vorteil, alle Geschwindigkeiten durch die Bezugsumfangsgeschwindigkeit u_E dimensionslos zu machen, also z. B. statt mit c_1 mit c_1/u_E zu rechnen. Entsprechend sind alle Gefälle durch die Geschwindigkeitshöhe $u_E^2/(2 \cdot g)$ dimensionslos zu machen. Da bei Annahme inkompressiblen Mittels die Verluste auf die Dichte des Mittels keinen Einfluß haben, kann man sofort aus der absoluten Austrittsgeschwindigkeit $c_{1\,I}$ des ersten Leitrades, dargestellt als $c_{1\,I}/u_E$, sämtliche anderen Leitradaustrittsgeschwindigkeiten c_1/u_E und die relativen Laufradaustrittsgeschwindigkeiten w_2/u_E durch Umrechnung entsprechend den Verhältnissen der verschiedenen Austrittsquerschnitte zu jenem des ersten Leitrades erhalten[1]. Die weitere Rechnung spielt sich dann in derselben Weise ab, wie für kompressibles Mittel beschrieben.

3.6 Beispiele von Turbinenkennfeldern

Abb. 82 zeigt ein von GOLDSTEIN [59] gemessenes Kennfeld einer zweistufigen Turbine in der Darstellungsweise V der Tab. 1.4/1. Um zu vergleichbaren Abbildungen zu kommen, wurde jede der dargestellten Größen durch ihren Wert für den Nennpunkt (NP) dividiert. Diese relativen Größen für $\varphi_E \cdot M_{uE}^2$, ψ_e, η, M_{uE} usw. sind in Abb. 82 angegeben. Das Abbiegen der drei untersten Wirkungsgradkurven nach den kleinen Werten von M_{uE} hin dürfte nicht reell sein, sondern auf Meßungenauigkeiten beruhen, da die zu messenden Größen in diesem Teil des Kennfeldes klein werden.

Abb. 83 zeigt ein von AINLEY, PETERSEN und JEFFS [55] veröffentlichtes Kennfeld einer vierstufigen Reaktionsturbine. Diese Turbine wurde nur bei geringen Gefällen untersucht; der Nennpunkt (Arbeitspunkt besten Turbinenwirkungsgrades) liegt zweifellos bei höheren Gefällen. Eine dimensionslose Darstellung wie in Abb. 82 war somit nicht möglich. Die angegebenen Zahlenwerte stellen daher die betreffenden dimensionslosen Größen (M_{uE}, $\varphi_E \cdot M_{uE}^2$, ψ_e) multipliziert mit gewissen dimensionsbehafteten Zahlenfaktoren dar. Auch hier erscheint der Verlauf der Wirkungsgradkurven in der linken unteren Ecke zweifelhaft. Da dieses Kennfeld im fast inkompressiblen Bereich aufgenommen wurde, sind die Linien für $M_{uE} =$ konst praktisch geradlinig. Der Verlauf der hier mit eingetragenen Linien für die an die Turbine angelegten Druckverhältnisse erklärt sich daraus, daß bei konstantem ψ_e mit zunehmen-

---

[1] Etwaige Änderungen des Massendurchsatzes, z. B. durch Eintritt von Kühlluft der Leit- und Laufbeschaufelungen, sind dabei ebenso zu berücksichtigen, wie bei der Rechnung mit kompressiblem Strömungsmittel.

7*

dem M_{uE} die zu $\psi_e \cdot M_{uE}^2$ proportionalen *effektiven* Gefälle parabolisch zunehmen.

Zum Vergleich ist in Abb. 84 das gerechnete Kennfeld einer zweistufigen Turbine gezeigt. Die Darstellung entspricht der von Abb. 82.

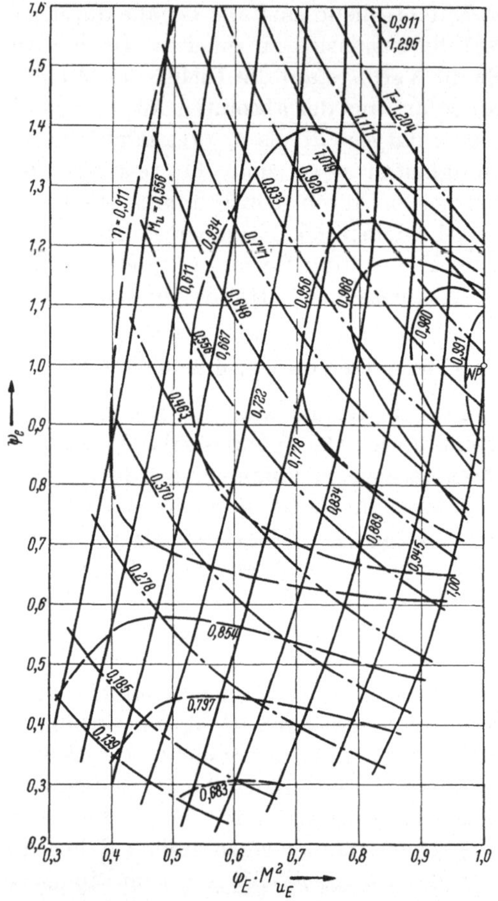

Abb. 82. Gemessenes Kennfeld einer zweistufigen Turbine [59]
T = an der Turbinenwelle abgegebenes Drehmoment

Nach rechts oben endet das Kennfeld an der strichpunktiert eingetragenen Leistungsgrenze.

Sowohl die versuchsmäßige Aufnahme als auch die rechnerische Ermittlung von Turbinenkennfeldern erfordert einen erheblichen Aufwand. Für überschlägige Berechnungen des Teillastverhaltens von Gasturbinen wird man sich daher mit angenäherten Kennfeldern begnügen. Für die

Durchsätze von Turbinen sind ziemlich genaue Angaben möglich. Abb. 85 zeigt die von MALLINSON und LEWIS [56] angegebenen Werte für Turbinen mit verschiedenen Stufenzahlen[1]. Die mit ∞ gekennzeichnete Kurve gilt für Turbinen mit sehr hoher Stufenzahl. Sie ist eine Viertel-

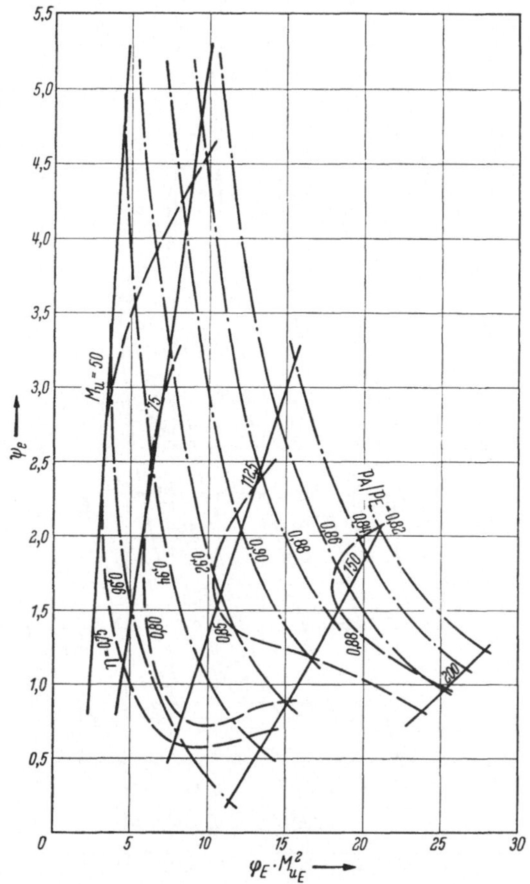

Abb. 83. Gemessenes Kennfeld einer vierstufigen Reaktionsturbine [55]

ellipse. Der in Abschn. 3.1 erwähnte Kegel der Dampfgewichte, wie er im Dampfturbinenbau verwendet wird, benutzt diese Kurve als Abhängigkeit des Durchsatzes vom Druckverhältnis p_A/p_E. Die Kurve a zeigt zum Vergleich das bekannte Verhalten eines einzelnen Schaufelkranzes mit

---

[1] Bei Verwendung von Abb. 85 bis 87 ist zu beachten, daß im Gegensatz zu den Abb. 82 u. 84 der Wert 1,0 hier dem *kritischen* Durchsatz und nicht dem Durchsatz *im Nennpunkt* entspricht.

konvergenten Kanälen bei verlustloser (isentroper) eindimensionaler Strömung. Da bereits die einstufige Turbine aus zwei Schaufelkränzen besteht, wird Kurve *a* von keiner Turbine erreicht oder gar überschritten. Kurve *b* stellt die Durchsätze der zweistufigen Turbine von Abb. 82 dar.

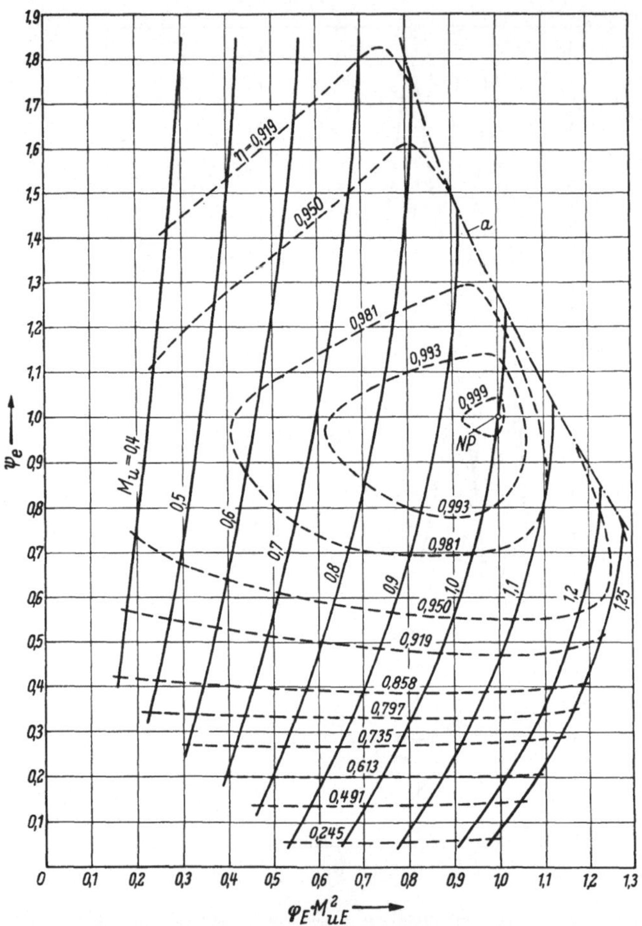

Abb. 84. Gerechnetes Kennfeld einer zweistufigen Turbine [51]
a Leistungsgrenze

Abb. 85 enthält insoweit eine Vereinfachung, als tatsächlich die Turbinendurchsätze nicht nur vom an die Turbine angelegten Druckverhältnis, sondern in geringem Maße auch noch von der Drehzahl der Turbine (also der Umfangs-MACH-Zahl M_{uE}) abhängen. Dies zeigt Abb. 86, in der die Durchsätze der vierstufigen Reaktionsturbine von Abb. 83 zusammengestellt sind. Dasselbe Verhalten erkennt man auch aus Abb. 87, das die Durchsätze des gerechneten Turbinenkennfeldes von Abb. 84 enthält.

Im Gegensatz zu den Durchsätzen können für die Veränderungen der Wirkungsgrade im Turbinenkennfeld keine derartig übersichtlichen Angaben gemacht werden. Für die Veränderungen des Wirkungsgrades mit der Leistungszahl ψ_e geben die bekannten parabolischen bzw. parabel-

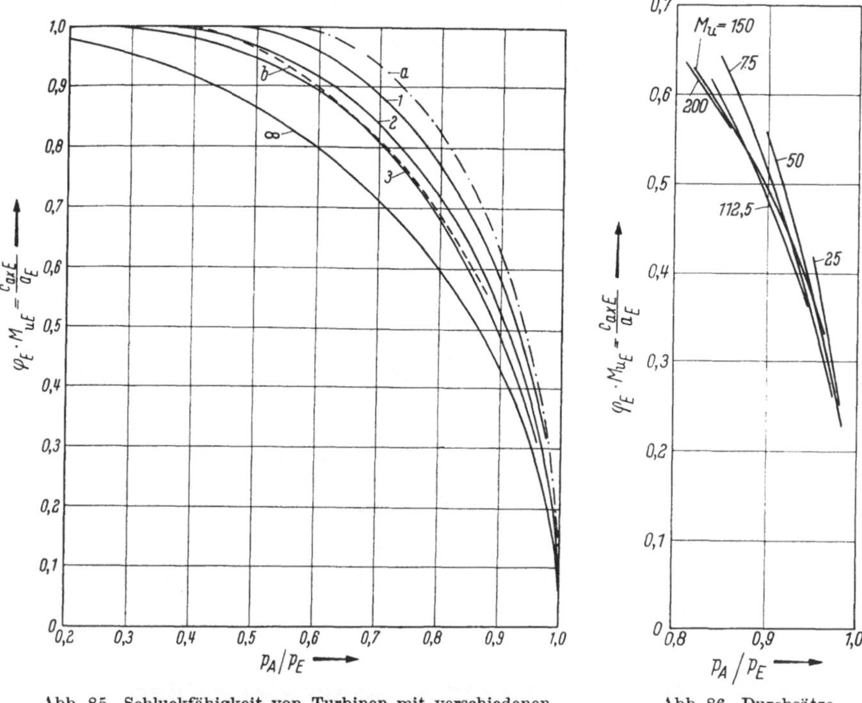

Abb. 85. Schluckfähigkeit von Turbinen mit verschiedenen
Stufenzahlen (Näherungswerte) [56]
a isentrope Strömung durch einen konvergenten Kanal (Düse)
b Schluckfähigkeit der zweistufigen Turbine von Abb. 82
1, 2, 3, ∞ = Stufenzahl der Turbine (∞ = vielstufige Turbine)

Abb. 86. Durchsätze
der Turbine von Abb. 83

ähnlichen Kurven über der Schnellaufzahl u/c_0 einen Anhalt [47, S. 102]. Wie man aus den Abb. 82 bis 84, sowie 95 entnehmen kann, hängen aber die Wirkungsgrade auch noch vom an die Turbine angelegten Druckverhältnis p_A/p_E ab. Solange in keinem Beschaufelungskranz der kritische Zustand erreicht wird, ist der Anstieg des Wirkungsgrades mit steigendem Gefälle im wesentlichen durch die gleichzeitig steigenden REYNOLDS-Zahlen der einzelnen Beschaufelungen bedingt. Es ist daher möglich, diesen Wirkungsgradanstieg durch Näherungsformeln zu erfassen, die den Aufwertungsformeln des Wasserturbinenbaues entsprechen [57]. Der aufzuwertende Turbinenwirkungsgrad darf, wie im Gasturbinenbau üblich und im Gegensatz zu den Gewohnheiten des Dampfturbinenbaues, den Auslaßverlust *nicht* einschließen. Auf noch größere Schwierigkeiten stößt man bei dem Versuch, allgemeingültig anzugeben, wann das Wirkungsgradoptimum mit steigendem Gefälle erreicht ist und wie der Wirkungsgrad dahinter abfällt. Dies wird von der Verteilung des Gefälles auf die einzelnen Schaufelkränze beeinflußt.

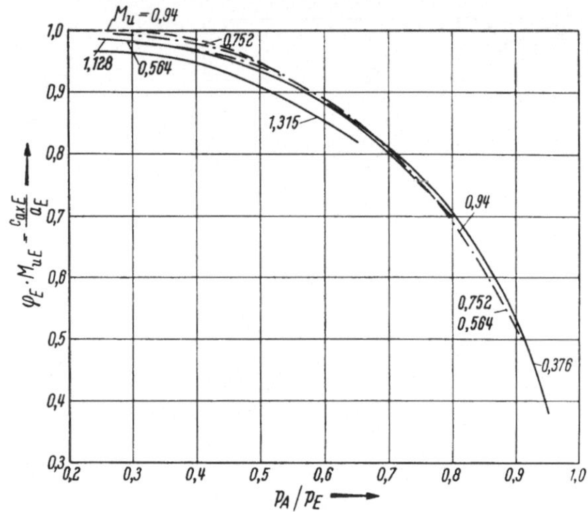

Abb. 87. Durchsätze der Turbine von Abb. 84

Bemerkenswert ist noch, daß längs der Leistungsgrenze das an die Turbine angelegte Druckverhältnis *nicht* konstant ist.

4. Das Teillastverhalten gesamter Gasturbinen

4.1 Die Schaltungsarten von Gasturbinen

Eine Gasturbine enthält verschiedene Teil-Turbomaschinen (Verdichter- und Turbinenteile) und andere Teil-Aggregate (wie Brennkammern, Wärmetauscher, Zwischenkühler usw.). Die Zusammenschaltung dieser Maschinen und Aggregate kann auf verschiedene Weise geschehen, wodurch man die unterschiedlichsten Formen von Gasturbinen erhält.

Eine Übersicht über die wesentlichsten Schaltungsarten [56] gibt Abb. 88. Teilabbildung *a* zeigt die einfachste Gasturbinenschaltung, bei der der Nutzleistungsabnehmer von derselben Turbine angetrieben wird wie der Verdichter. Verwendet man für die Nutzleistungsabgabe einen getrennten Turbinenteil (Nutzleistungsturbine), so kann dieser im Gasstrom vor oder hinter jener Turbine liegen, die den Verdichter antreibt (Verdichterturbine). Dies entspricht den Schaltungen Teilabbildung *b* und *c*. Teilt man den Gasstrom für die beiden genannten Turbinenteile

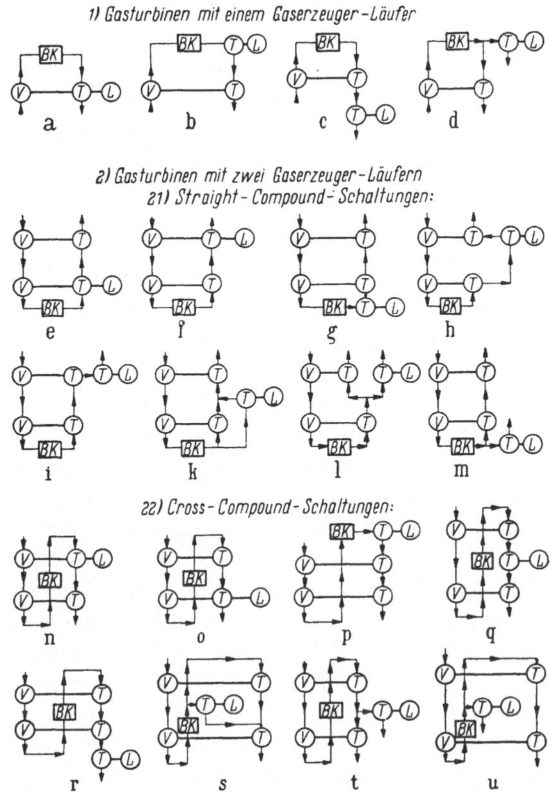

Abb. 88. Zusammenstellung der Schaltungsarten von Gasturbinen nach MALLINSON und LEWIS [56]
V = Verdichterteil; T = Turbinenteil; BK = Brennkammer; L = Nutzleistungsabnehmer; Wärmetauscher und Zwischenkühler können bei den Schaltungen eingefügt werden, wurden aber nicht dargestellt

auf, so kommt man zur Schaltung Teilabbildung *d*. Die bisher genannten vier Schaltungen enthalten nur einen Läufer im Gaserzeuger der Gasturbine.

Die folgenden Teilabbildungen *e* bis *u* umfassen Gasturbinen mit zwei Läufern im Gaserzeuger, d. h. es sind zwei Verdichterteile vorhanden, die von getrennten Turbinenteilen angetrieben werden. Für die Erzeugung der Nutzleistung stehen ähnlich wie bei den ersten vier Schaltungen verschiedene Möglichkeiten offen, wodurch sich die genannten Teilabbildungen unterscheiden.

Die Schaltungen der Teilabbildungen *e* bis *m* sind so aufgebaut, daß der Niederdruckverdichter von der Niederdruckturbine und der Hochdruckverdichter von der Hochdruckturbine angetrieben wird. Man bezeichnet diese Schaltungen als Straight-Compound-Schaltungen. Im Gegensatz dazu umfassen die Teilabbildungen *n* bis *u* sogenannte Cross-Compound-Schaltungen. Bei ihnen wird jeweils der Niederdruckverdichter von der Hochdruckturbine und der Hochdruckverdichter von der Niederdruckturbine angetrieben[1]. Da das Regelverhalten von Cross-Compound-Schaltungen im allgemeinen ungünstigere Eigenschaften aufweist, als jenes der Straight-Compound-Schaltungen, spielen sie eine geringere Rolle und sollen daher hier nicht näher besprochen werden.

4.2 Das Mischkennfeld des Gaserzeugers von Gasturbinen

Wie die Schaltbilder von Abb. 88 zeigen, enthalten viele Gasturbinen einen Maschinensatz, der zur Erzeugung heißer Druckgase dient. Dieser Maschinensatz, bestehend aus Verdichter, Brennkammer und Verdichterturbine, stellt also einen Gaserzeuger dar. Die von ihm gelieferten, unter Druck stehenden Heißgase können in verschiedener Art ausgenutzt werden. Bei stationären Gasturbinen und solchen für den Antrieb von Landfahrzeugen (wie Kraftwagen, Lokomotiven usw.) können die Heißgase z. B. in einer Nutzleistungsturbine entspannt werden, deren Wellenleistung dann die Nutzleistung der gesamten Gasturbine darstellt. Zwar kann man Verdichter- und Nutzleistungsturbine zu einem einheitlichen Turbinenteil verschmelzen, wie dies oft bei den Luftschraubengasturbinen (PTL-Triebwerken) für den Flugzeugvortrieb geschieht, doch bringt die Unabhängigkeit der Drehzahlen von Nutzleistungsturbinen und Gaserzeuger in vielen Fällen wesentliche Vorteile. Dies gilt insbesondere für den Antrieb von Landfahrzeugen, wo Gaserzeuger und Nutzleistungsturbine nach Art eines Drehmomentwandlers (hydraulischen Getriebes) zusammenwirken, so daß mit sinkender Fahrtgeschwindigkeit das Drehmoment ansteigt. Bei den stationären Gasturbinen erhält man durch die Trennung von Gaserzeuger und Nutzleistungsturbine bessere Teillastwirkungsgrade. Bei den Turbine-Luftstrahl-Triebwerken (TL-Triebwerken) für den Flugzeugvortrieb wird anstelle der Nutzleistungsturbine dem Gaserzeuger eine Schubdüse nachgeschaltet. Die in der Schubdüse entspannten Gase erzeugen den Strahlschub, der die Nutzleistung des Triebwerkes ergibt.

Im folgenden soll die Aufstellung des Mischkennfeldes eines solchen Gaserzeugers und seine Anwendung zur Bestimmung der Kennlinien damit ausgerüsteter Gasturbinen besprochen werden [*58*].

---

[1] Bei den Bezeichnungen Hoch- und Niederdruckturbine wurde die Nutzleistungsturbine nicht mitgezählt.

Die Zusammenarbeit von Verdichter und Verdichterturbine im Gaserzeuger wird durch drei Bedingungen gesteuert:

a) Die Massendurchsätze in der Zeiteinheit von Verdichter ($\dot m_V$) und Verdichterturbine ($\dot m_T$) stimmen bis auf die kleinen, vom Verdichter abgezapften Kühlluftmengen und die zugesetzte Kraftstoffmenge u. ä. überein[1]:

$$\dot m_V = K_1 \cdot \dot m_T \qquad (4.2/1)$$

wobei K_1 ein die Kühlluft-, Kraftstoffmengen usw. summarisch berücksichtigender konstanter Faktor ist.

b) die effektive, von der Verdichterturbine abgegebene Leistung N_{eT} muß gleich der effektiven Antriebsleistung des Verdichters N_{eV} zuzüglich aller Hilfsantriebe sein:

$$N_{eV} = K_2 \cdot N_{eT} \qquad (4.2/2)$$

wobei K_2 ein die Leistungsaufnahmen der Hilfsantriebe, sowie die sonstigen Verlustleistungen berücksichtigender konstanter Faktor ist.

c) Verdichter und Verdichterturbine sind miteinander direkt gekuppelt, so daß die Bezugsumfangsgeschwindigkeit des Verdichters u_V proportional zu der der Verdichterturbine u_T sein muß:

$$u_V = K_3 \cdot u_T \qquad (4.2/3)$$

Proportionalitätsfaktor $K_3 = D_V/D_T$, D_V bzw. $D_T = $ Bezugsdurchmesser von Verdichter bzw. Verdichterturbine.

Unter Berücksichtigung der Ähnlichkeitsgesetze kann Gl. (4.2/3) geschrieben werden:

$$M_{uV} = K_3 \cdot M_{uT} \cdot a_3/a_1 = K_3 \cdot M_{uT} \cdot \sqrt{T_3/T_1} \qquad (4.2/4)$$

wobei $M_{uV} = u_V/a_1$ bzw. $M_{uT} = u_T/a_3$ die Bezugs-Umfangs-MACH-Zahlen von Verdichter und Verdichterturbine, a_1 bzw. a_3 die zu T_1 bzw. T_3 gehörigen Schallgeschwindigkeiten und T_1 bzw. T_3 die Gesamttemperaturen vor Verdichter bzw. Verdichterturbine bedeuten.

Durch Kombination der Gln. (4.2/1) bis (4.2/3) unter Einführung der Effektiv-Leistungszahlen ψ_{eV} für den Verdichter bzw. ψ_{eT} für die Verdichterturbine erhält man:

$$\psi_{eV} = K_4 \cdot \psi_{eT} \qquad (4.2/5)$$

wobei $K_4 = K_2/(K_1 \cdot K_3^2)$ ist.

Geht man nun noch in Gl. (4.2/1) unter Verwendung von Gl. (4.2/3) zu den Durchflußzahlen φ_V bzw. φ_T von Verdichter bzw. Verdichter-

---

[1] Alle sich auf den Verdichter beziehenden Größen erhalten den Index V, alle sich auf die Verdichterturbine beziehenden den Index T. Index 1 kennzeichnet den Gesamtzustand vor Verdichter, Index 2 nach Verdichter, Index 3 vor Verdichterturbine und Index 4 nach Verdichterturbine.

turbine über, so erhält man:

$$\varphi_V \cdot \frac{p_1}{p_3} = K_5 \cdot \varphi_T \cdot \frac{T_1}{T_3} \qquad (4.2/6)$$

wobei $K_5 = (K_1/K_3) \cdot (F_T/F_V)$, F_V bzw. F_T die Bezugsflächen für φ_V bzw. φ_T und p_1 bzw. p_3 die Gesamtdrücke vor Verdichter bzw. Verdichterturbine bedeuten.

Störend ist, daß das noch unbekannte Temperaturverhältnis T_3/T_1 an zwei Stellen, den Gln. (4.2/4) und (4.2/6), auftaucht. Wir beseitigen dieses Glied aus Gl. (4.2/6) durch Kombination derselben mit Gl. (4.2/4):

$$\varphi_V \cdot M_{uV}^2 \cdot \frac{p_1}{p_3} = K_6 \cdot \varphi_T \cdot M_{uT}^2 \qquad (4.2/7)$$

wobei $K_6 = K_1 \cdot K_3 \cdot F_T/F_V$ ist.

Die drei Bedingungen für den Gleichgewichtslauf des Gaserzeugers Gln. (4.2/4), (4.2/5) und (4.2/7) können am einfachsten wie folgt erfüllt werden: man trägt das Kennfeld der Verdichterturbine entsprechend Darstellungsweise V der Tab. 1.4/1 mit $\varphi_T \cdot M_{uT}^2$ als Abszisse, ψ_{eT} als Ordinate und M_{uT} als Parameter auf (Abb. 89). In dieses Kurvenblatt überträgt man auch das Verdichterkennfeld mit $(1/K_6) \cdot \varphi_V \cdot M_{uV}^2 \cdot p_1/p_3$ als

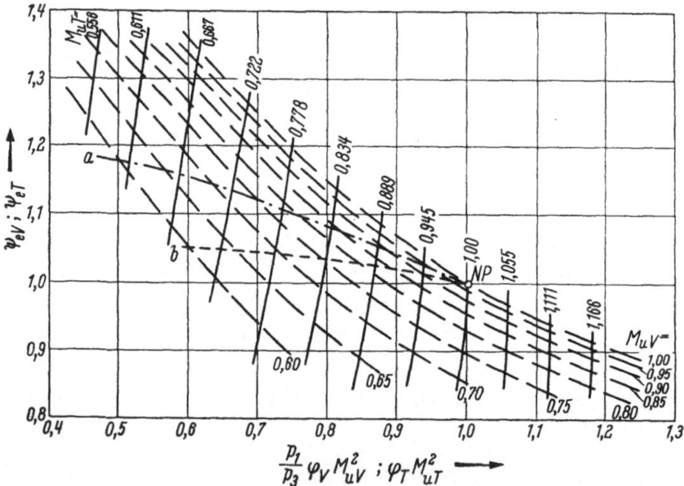

Abb. 89. Überlagerung der Kennfelder von Verdichter und Verdichterturbine zur Berechnung des Mischkennfeldes eines Gaserzeugers [51]
a Beispiel einer Kurve konstanten Temperaturverhältnisses T_3/T_1; *b* Rückübertragene Arbeitslinie *b* aus Abb. 90

Abszisse, ψ_{eV}/K_4 als Ordinate und M_{uV} als Parameter, wobei dieselben Abszissen- und Ordinatenmaßstäbe wie für das Turbinenkennfeld zu verwenden sind. Bei der Berechnung von p_1/p_3 aus dem im Verdichterkennfeld enthaltenen Wert p_2/p_1 wird das Brennkammerdruckverlustverhältnis p_3/p_2 berücksichtigt (vgl. Abschn. 4.4). Enthält die Gasturbine einen Wärmetauscher, so ist in p_3/p_2 auch der Druckverlust seiner Luftseite einzuschließen. Der Druckverlust seiner Abgasseite ist später im Kennfeld der Nutzleistungsturbine zu berücksichtigen (vgl. Abschn. 4.5).

Jedem Punkt in Abb. 89 entspricht nun ein möglicher Arbeitszustand des Gaserzeugers. Das für den Gleichgewichtslauf nötige Temperaturverhältnis T_3/T_1 erhält man für jeden Punkt aus den Parameterwerten der durch diesen Punkt gehenden Kurven des Verdichters und der Verdichterturbine mittels Gl. (4.2/4). Kurve a in Abb. 89 zeigt als Beispiel eine der sich so ergebenden Linien $T_3/T_1 = $ konst.

Es ist vorteilhaft, bei der Auftragung entsprechend Abb. 89 alle Kennwerte durch die entsprechenden Werte für den Nennpunkt zu dividieren und diese relativen Werte für die Auftragung zu verwenden, wie dies in genannter Abbildung geschehen ist. Die Faktoren K in den Gl. (4.2/1) bis (4.2/7) treten dadurch in Abb. 89 nicht mehr direkt, sondern nur in den Bezugswerten des Nennpunktes auf.

Außer der hier abgeleiteten Darstellungsform entsprechend Abb. 89 gibt es noch andere, die in ähnlicher Weise gestatten, die Bedingungen des Gleichgewichtslaufes des Gaserzeugers zu erfüllen (z. B. [59, 60]). Die hier gezeigte erscheint jedoch als die einfachste und verwendet für Verdichter und Turbine Kennzahlen, die noch weitestgehend anschaulich sind.

Die Bedingungen für den Gleichgewichtslauf werden besonders einfach, wenn nach KÜHL [61] angenommen wird, daß in zumindest einem Beschaufelungskranz der Verdichterturbine eine überkritische Expansion vorhanden ist. Dann gilt für den auf den Gesamtzustand vor der Verdichterturbine bezogenen Volumendurchsatz $\dot{V}_3$ der Verdichterturbine $\dot{V}_3/\sqrt{T_3} = $ konst. Dies ergibt durch Umrechnung auf den Gesamtzustand vor dem Verdichter die Bedingung:

$$\frac{\dot{V}_1}{\sqrt{T_1}} \cdot \frac{p_1}{p_3} \cdot \sqrt{\frac{T_3}{T_1}} = \text{konst} \qquad (4.2/8)$$

womit man sofort in das normale Verdichterkennfeld die Linien $T_3/T_1 = $ konst eintragen kann. Ist das Verdichterkennfeld mit p_2/p_1 als Ordinate und $\dot{V}_1/\sqrt{T_1}$ als Abszisse aufgetragen und wird als Näherung für p_3/p_2 ein konstanter Wert angenommen, so stellen die Linien $T_3/T_1 = $ konst nach Gl. (4.2/8) in diesem Kennfeld Ursprungsgeraden dar.

Um die weiteren Rechnungen durchführen zu können, muß man alle hierfür benötigten Kennwerte z. B. p_4/p_3, T_4/T_3 usw., als Kurvennetze in das Verdichter- und Turbinenkennfeld Abb. 89 einzeichnen. Man kann auch unter Benutzung der in Abb. 89 enthaltenen Koordinaten und

Parameterwerte die benötigten sonstigen Kennwerte in getrennten Kurvenblättern so auftragen, daß zu jedem Punkt von Abb. 89 die zugehörigen Werte schnell gefunden werden können. Daraus kann man dann in einfachster Weise das Kennfeld des Gaserzeugers z. B. in der in Abb. 90 gezeigten Form ableiten. Ist nun z. B. dem Gaserzeuger entsprechend Teilabb. *c* von Abb. 88 eine Nutzleistungsturbine nachgeschaltet, so kann man deren Durchsatzkennlinien aus einer Darstellung entsprechend Abb. 85 bis 87 in Abb. 90 übertragen[1]. Linie *b* in Abb. 90

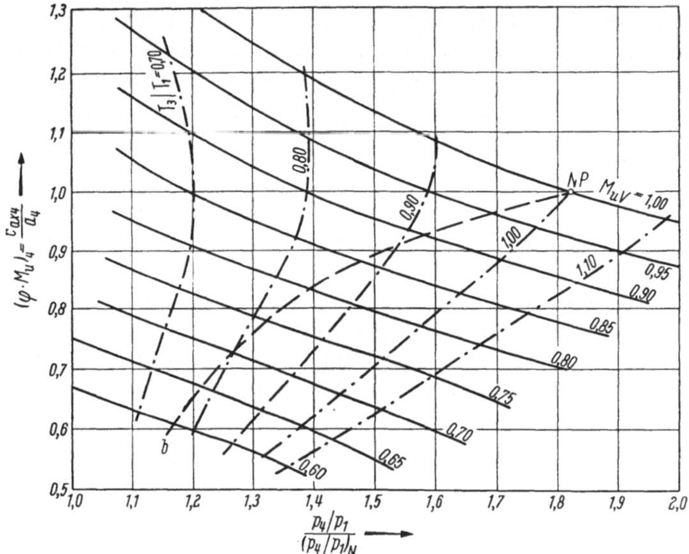

Abb. 90. Mischkennfeld des Gaserzeugers von Abb. 89 [51]
b Arbeitslinie bei Nachschaltung einer Nutzleistungsturbine

zeigt ein solches Beispiel für den Fall, daß die Abhängigkeit der Turbinendurchsätze von der Drehzahl der Nutzleistungsturbine vernachlässigt werden kann oder die Nutzleistungsturbine mit konstanter Drehzahl betrieben wird (z. B. bei Antrieb eines Drehstromgenerators). In einer solchen Gasturbine kann sich also der Betriebspunkt des Gaserzeugers im Gleichgewichtslauf nur längs dieser Linie bewegen, während alle anderen Betriebspunkte in Abb. 90 nicht erreicht werden können. Da das Schluckvermögen der Nutzleistungsturbine auch bei Berücksichtigung der Drehzahlabhängigkeit nach Abschn. 3.6 nur wenig von einer mitt-

---

[1] Da in dieser Anordnung der *statische* Gegendruck der Nutzleistungsturbine durch den Außendruck gegeben ist, müssen die Durchsatzkennlinien hierzu über dem Verhältnis des *statischen* Druckes hinter Nutzleistungsturbine zum Gesamtdruck an deren Eintritt dargestellt sein.

leren Kurve abweicht, ist auch dann nur die unmittelbare Umgebung der Linie b in Abb. 90 im Gleichgewichtslauf erreichbar[1]. Mit sinkender Drehzahl des Gaserzeugers sinkt das Temperaturverhältnis T_3/T_1 und damit die Temperatur T_3 am Eintritt der Verdichterturbine ab. Die Effektivleistungszahl steigt dadurch in unserem Beispiel mit sinkender Drehzahl des Gaserzeugers nur wenig an (Abb. 89). Im Gegensatz hierzu zeigt Linie a in derselben Abbildung, daß die Leistungszahl bei $T_3/T_1 = $ konst mit sinkender Drehzahl wesentlich stärker ansteigen und der Betriebspunkt des Verdichters sich dessen Pumpgrenze stark nähern würde.

Schaltet man dem Gaserzeuger eine Schubdüse nach (TL-Triebwerk ohne Nachverbrennung), so ergeben sich im Gaserzeugerkennfeld Abb. 90 verschiedene Arbeitslinien abhängig von der MACH-Zahl der Fluggeschwindigkeit und der Schubdüsenöffnung. Diese Vielfalt wird in der Praxis wieder dadurch eingeschränkt, daß man durch den Regler des Strahltriebwerkes eine bestimmte Gesetzmäßigkeit für die Veränderungen der Schubdüsenaustrittsöffnung vorgibt, z. B. so, daß man für die verschiedenen Arbeitspunkte des Triebwerkes jeweils möglichst günstige Kraftstoffverbräuche erhält. Beabsichtigt man nicht, das Strahltriebwerk mit Nachverbrennung in der Schubdüse zu betreiben, so kann bei geeigneten Verdichterkennlinien auch eine Schubdüse mit unveränderlicher Austrittsfläche angewendet werden. Man erhält dann im Gaserzeugerkennfeld Abb. 90 für jede MACH-Zahl der Fluggeschwindigkeit nur *eine* mögliche Betriebslinie.

Bei PTL-Triebwerken mit unabhängiger Nutzleistungsturbine (für den Luftschraubenantrieb) sind die Verhältnisse ähnlich wie bei der oben geschilderten stationären Gasturbine mit unabhängiger Nutzleistungsturbine, doch kommt wieder der Einfluß der MACH-Zahl der Fluggeschwindigkeit hinzu, da der Gesamtzustand vor dem Verdichter durch Aufstau der Fluggeschwindigkeit verändert wird.

Bei den PTL-Triebwerken mit nur einem Turbinenteil für den Antrieb des Verdichters und der Luftschraube muß im Gegensatz zum bisherigen die Bedingung Gl. (4.2/2) bzw. (4.2/5) nicht erfüllt werden. Sie wird durch Gl. (4.3/3) ersetzt. Die Betriebspunkte von Verdichter und Turbine müssen dann in einer Auftragung entsprechend Abb. 89 nicht mehr zusammenfallen, wohl aber noch denselben Abszissenwert besitzen. Für die Berechnung des Kennfeldes eines solchen PTL-Triebwerkes betrachtet man eine etwa vorhandene Schubdüse am besten als weitere Turbinen-

---

[1] Im Nichtgleichgewichtslauf, d. h. bei Beschleunigungs- oder Verzögerungszuständen der Gasturbine, ergeben sich hiervon Abweichungen [67], die aber hier nicht betrachtet werden sollen. Sie entstehen dadurch, daß z. B. bei einer Beschleunigung des Gaserzeugers die Verdichterturbine außer der Verdichterantriebsleistung für den stationären Zustand noch eine Beschleunigungsleistung für den Gaserzeugerläufer aufbringen muß.

stufe und ergänzt das Turbinenkennfeld entsprechend. Dabei erhält man im Falle einer Schubdüse mit veränderlicher Austrittsfläche so viele Varianten des Turbinenkennfeldes, als man Schubdüsenstellungen (d. h. Größen der Schubdüsenaustrittsöffnung) in der Rechnung berücksichtigen will.

4.3 Das Mischkennfeld einer Hüttenwerks-Gasturbine für Gebläsebetrieb

Die Aufgabe von Hüttenwerks-Gasturbinen ist die Lieferung von Wind für den Hochofenprozeß bzw. die Stahlerzeugung. Eine besondere einfache Bauform ergibt sich, wenn man den Wind aus demselben Kreiselverdichter entnimmt, der auch die Luft für die Durchführung des Gasturbinenprozesses liefert. Der Verdichter der Gasturbine wird dabei an der entsprechenden Zwischenstufe angezapft oder (insbesondere bei Windversorgung von Stahlwerken) der Wind direkt aus dem Druckstutzen des Verdichters der Gasturbine entnommen. Dies ergibt geringe Anlagekosten und Vorteile bezüglich der Pumpgrenze des Verdichters, wie das tieferstehend berechnete Kennfeld einer solchen Gasturbine zeigen wird.

Wir wählen für unser Beispiel [32] aus den verschiedenen möglichen Schaltungsweisen für Hüttenwerks-Gasturbinen eine möglichst einfache und übersichtliche aus. Die Abwandlung der Berechnungsmethoden für

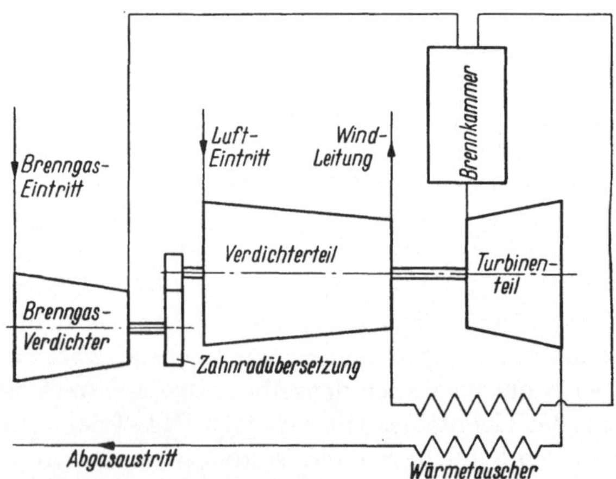

Abb. 91. Schema der Hüttenwerks-Gasturbine des Berechnungsbeispieles [32]

kompliziertere Schaltungen bleibe dem Leser überlassen. Entsprechend Abb. 91 bestehe die Gasturbine aus einem Verdichter für Luft, einem Brenngasverdichter, einem Wärmetauscher, einer Brennkammer und einer Turbine, die die beiden Verdichter antreibt. Die Windentnahme soll entsprechend einer Verwendung für Stahlwerksversorgung direkt am Austritt des Gasturbinenverdichters erfolgen. Es wird keine Wellenleistung nach außen abgeben.

Für die Aufstellung der Bedingungen für den Gleichgewichtslauf dieser Gasturbine verwenden wir die *dimensionsbehafteten* Ähnlichkeitskennzahlen, um im Gegensatz zum vorherigen Abschnitt auch deren Verwendung zu zeigen. Diese Bedingungen sind:

a) Da Verdichter und Turbine direkt gekuppelt sind, ist die Drehzahl n_V des Verdichters gleich der Drehzahl n_T der Turbine[1]

$$n_V = n_T \qquad (4.3/1)$$

In ähnlichkeitsgetreuer (aber nicht dimensionsloser) Schreibweise lautet diese Bedingung:

$$\frac{n_V}{\sqrt{T_1}} = \frac{n_T}{\sqrt{T_3}} \cdot \sqrt{\frac{T_3}{T_1}} \qquad (4.3/2)$$

wobei T_1 die Gesamttemperatur vor Verdichter und T_3 die Gesamttemperatur vor Turbine ist.

b) Das von der Turbine verarbeitete Druckverhältnis muß gleich dem vom Verdichter gelieferten sein[2]:

$$\frac{P_3}{P_0} = \frac{P_3}{p_5} \qquad (4.3/3)$$

wobei P_0 der atmosphärische Druck an der Ansaugstelle des Verdichters, P_3 der Gesamtdruck vor der Turbine und p_5 der statische Druck am heißgasseitigen Austritt des Wärmetauschers ist, den wir gleich dem atmosphärischen Druck P_0 annehmen können.

c) Die von der Turbine abgegebene Wellenleistung muß gleich der vom Verdichter aufgenommenen Wellenleistung sein:

$$\dot{m}_V \cdot H_{eV} = \dot{m}_T \cdot H_{eT} \qquad (4.3/4)$$

wobei $\dot{m}_V$ bzw. $\dot{m}_T$ der Massendurchsatz von Verdichter bzw. Turbine und H_{eV} bzw. H_{eT} die effektive Enthalpiedifferenz bezogen auf die Welle des Verdichters bzw. der Turbine sind. Als Verdichter wurde dabei die Kombination von Luft- und Brenngasverdichter bezeichnet. Wird die Gasturbine mit Koksofengas oder einem ähnlichen Brennstoff hohen

---

[1] Die Indizes bedeuten hier: V = Verdichter, T = Turbine, N = Nennlastpunkt, 0 = Außenzustand (Atmosphärenzustand), 1 = Eintritt des Verdichters, 2 = Austritt des Verdichters, 3 = Eintritt der Turbine, 4 = Austritt der Turbine, 5 = Austritt der Heißgasseite des Wärmetauschers. Ferner verwenden wir hier das Formelzeichen P für die Gesamtdrücke, p für die statischen Drücke und T für die Gesamttemperaturen.

[2] Der Druckverlust in der Brennkammer und der Luftseite des Wärmetauschers $P_2 - P_3$ wird im Kennfeld des Verdichters und der heißgasseitige Druckverlust des Wärmetauschers im Turbinenkennfeld berücksichtigt.

Heizwertes (z. B. Öl) betrieben, so ist die zugesetzte Brennstoffmenge und die Antriebsleistung des Brenngasverdichters bzw. der Einspritzpumpe so gering, daß man diese ähnlich wie im vorhergehenden Abschnitt einfach durch konstante Faktoren im Kennfeld des Luftverdichters berücksichtigen und die Windmenge in hinreichender Annäherung erhalten kann aus:

$$\dot{m}_{\mathrm{Wind}} = \dot{m}_V - \dot{m}_T \tag{4.3/5}$$

Bei Verbrennung von Gichtgas o. ä. ist wegen des hohen Stickstoffballastes desselben die Brennstoffmenge und die Antriebsleistung des Brenngasverdichters wesentlich größer. Daher muß das Kennfeld des Verdichters dann eine entsprechende Kombination der Einzelkennfelder von Luft- und Brenngasverdichter sein und in Gl. (4.3/5) für $\dot{m}_V$ die Summe von Luft- und Brenngasmenge eingesetzt werden. Die Antriebsleistung der sonstigen Hilfsmaschinen kann wie im vorherigen Abschnitt berücksichtigt werden.

Durch geeignete Umformung und ähnlichkeitsgetreue Schreibweise erhält man aus Gl. (4.3/4):

$$\frac{F_V}{F_T} \cdot \frac{\dot{m}_V \cdot \sqrt{T_1}}{F_V \cdot P_1} \cdot \frac{H_{eV}}{n_V^2} \cdot \frac{n_V}{\sqrt{T_1}} \bigg/ \frac{P_3}{P_1} = \frac{\dot{m}_T \cdot \sqrt{T_3}}{F_T \cdot P_3} \cdot \frac{H_{eT}}{n_T^2} \cdot \frac{n_T}{\sqrt{T_3}} \tag{4.3/6}$$

wobei F_V bzw. F_T die Bezugsdurchtrittsflächen von Verdichter bzw. Turbine sind. Die Bedingungen für den Gleichgewichtslauf Gln. (4.3/2), (4.3/3) und (4.3/6) gelten natürlich auch für den Auslegungspunkt der Gasturbine (Index N). Wir dividieren diese drei Gleichungen durch die entsprechenden für den Auslegungspunkt und erhalten so:

$$\frac{n_V/\sqrt{T_1}}{(n_V/\sqrt{T_1})_N} = \frac{n_T/\sqrt{T_3}}{(n_T/\sqrt{T_3})_N} \cdot \sqrt{\frac{T_3/T_1}{(T_3/T_1)_N}} \tag{4.3/7}$$

$$\frac{P_3/P_1}{(P_3/P_1)_N} = \frac{P_3/p_4}{(P_3/p_4)_N} \tag{4.3/8}$$

$$\begin{aligned}
&\frac{\dot{m}_V \cdot \sqrt{T_1}/(F_V \cdot P_1)}{[\dot{m}_V \cdot \sqrt{T_1}/(F_V \cdot P_1)]_N} \cdot \frac{H_{eV}/n_V^2}{(H_{eV}/n_V^2)_N} \cdot \frac{n_V/\sqrt{T_1}}{(n_V/\sqrt{T_1})_N} \bigg/ \frac{P_3/P_1}{(P_3/P_1)_N} \\
&= \frac{\dot{m}_T \cdot \sqrt{T_3}/(F_T \cdot P_3)}{[\dot{m}_T \cdot \sqrt{T_3}/(F_T \cdot P_3)]_N} \cdot \frac{H_{eT}/n_T^2}{(H_{eT}/n_T^2)_N} \cdot \frac{n_T/\sqrt{T_3}}{(n_T/\sqrt{T_3})_N}
\end{aligned} \tag{4.3/9}$$

Dabei haben wir die Gleichgewichtsbedingung für die Druckverhältnisse noch dadurch vereinfacht, daß für P_1/P_0 und p_4/P_0 je ein konstanter Wert angenommen wurde (P_1 = Gesamtdruck vor dem Verdichter, p_4 = statischer Druck hinter Turbine).

Um die Gleichgewichtsbedingungen zu erfüllen, wurden in Abb. 92 die Kennfelder des Verdichters und der Turbine übereinander gezeichnet. Als Abszisse sind die Druckverhältnisse gewählt, die nach Gl. (4.3/8) einander gleich sein müssen. Entsprechend wurden als Ordinate jene Werte verwendet, die nach Gl. (4.3/9) das Gleichgewicht der Wellen-

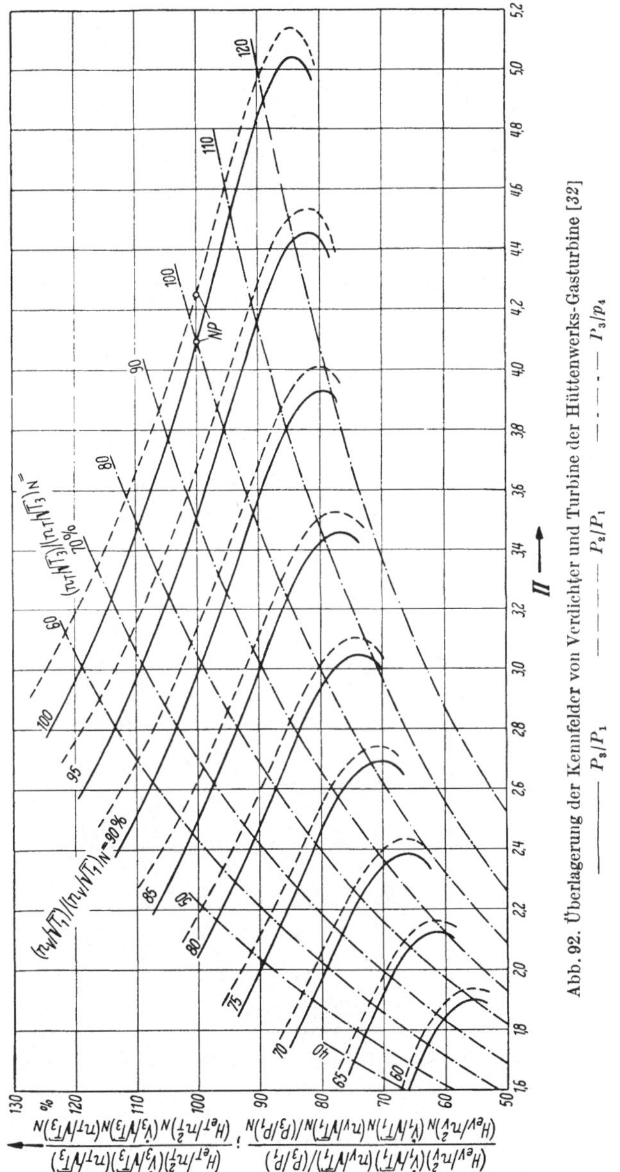

Abb. 92. Überlagerung der Kennfelder von Verdichter und Turbine der Hüttenwerks-Gasturbine [32]

leistung gewährleisten. Die außerdem noch in Abhängigkeit vom Ordinatenwert eingezeichneten Kurven für das Druckverhältnis P_2/P_1

8*

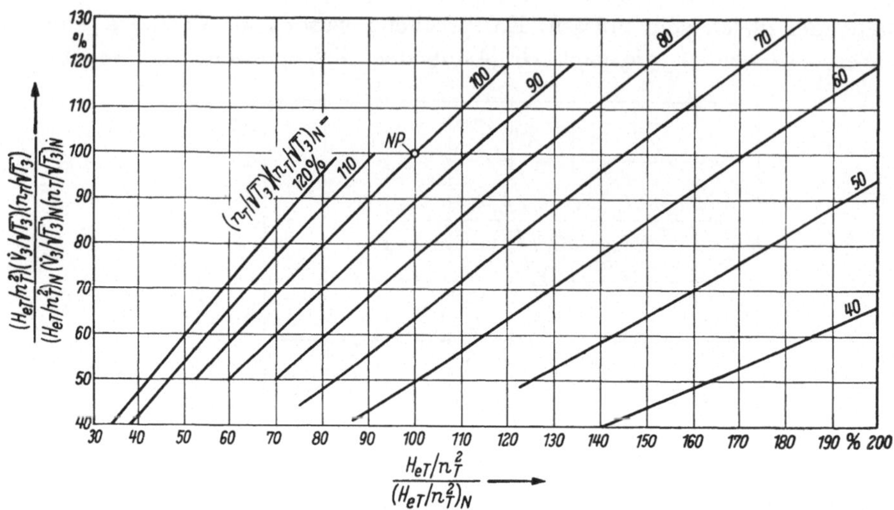

Abb. 93. Gefälle-Kennlinien des Turbinenteiles der Hüttenwerks-Gasturbine [32]

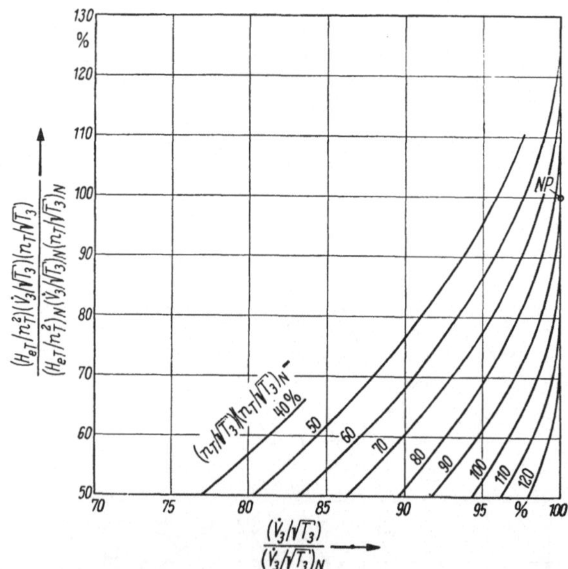

Abb. 94. Volumendurchsätze des Turbinenteiles der Hüttenwerks-Gasturbine [32]

werden im Augenblick nicht benötigt. Sie dienen für die spätere Ablesung des Winddruckes (Abb. 96). Jeder Schnittpunkt der Kurven für Verdichter und Turbine ergibt einen möglichen Betriebspunkt. Das hierfür erforderliche Temperaturverhältnis T_3/T_1 erhält man aus den Parameterwerten $n_V/\sqrt{T_1}$ bzw. $n_T/\sqrt{T_3}$ nach Gl. (4.3/7).

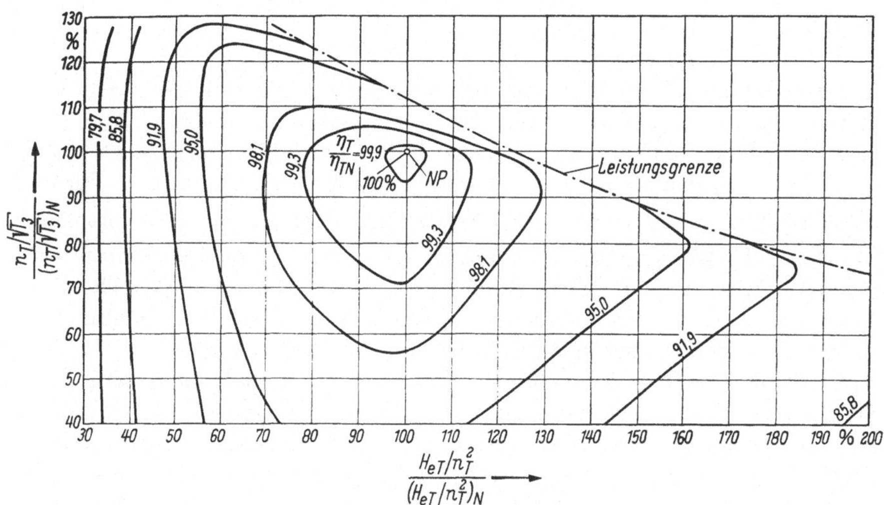

Abb. 95. Wirkungsgrade des Turbinenteiles der Hüttenwerks-Gasturbine [32]

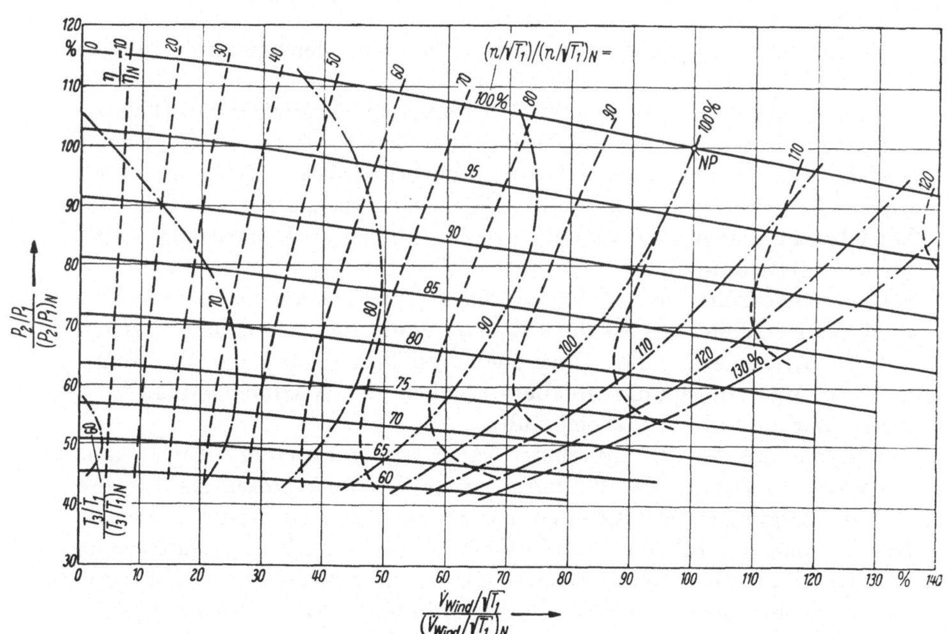

Abb. 96. Kennfeld der Hüttenwerks-Gasturbine bezüglich der Windlieferung [32]

Um die weiteren, den Betriebszustand der Gasturbine kennzeichnenden Werte, wie Durchsatzmengen usw. für die Zustände des Gleichgewichtslaufes zu erhalten, müssen die entsprechenden Werte für Verdichter bzw. Turbine in Abhängigkeit von einer der Koordinaten der Abb. 92 und den Parameterwerten $n_V/\sqrt{T_1}$ (für den Verdichter) bzw. $n_T/\sqrt{T_3}$ (für die Turbine) dargestellt sein. Wir haben uns hier auf die Wiedergabe der entsprechenden Kurven für den Turbinenteil beschränkt. Abb. 93 zeigt das effektive Gefälle der Turbine in der Form $(H_{e\,T}/n_T^2)/(H_{e\,T}/n_T^2)_N$. Die Volumendurchsätze der Turbine enthält Abb. 94 in der Form $\left(\dot{V}_3/\sqrt{T_3}\right)/\left(\dot{V}_3/\sqrt{T_3}\right)_N$. Der in dieser Abbildung auftretende Höchstwert von $\left(\dot{V}_3/\sqrt{T_3}\right)/\left(\dot{V}_3/\sqrt{T_3}\right)_N$ entspricht dem Erreichen des kritischen Zustandes in einem Beschaufelungskranz der Turbine. In Abb. 95 sind noch die Wirkungsgrade η_T der Turbine dargestellt, obwohl sie nicht mehr gebraucht werden, da sie in Abb. 92 bereits implizite enthalten sind[1]. Sie wurden hier wiedergegeben, um nochmals den allgemeinen Verlauf der Wirkungsgradkurven einer Turbine zu zeigen. Für $H_{e\,T}/n_T^2 =$ konst im Bereich der besten Wirkungsgrade steigt der Wirkungsgrad mit steigender Umfangs-Mach-Zahl $n_T/\sqrt{T_3}$ und damit steigendem Gefälle zunächst an, um nach Erreichen eines Höchstwertes wieder abzufallen. Die strichpunktiert eingezeichnete Grenzlinie entspricht der Leistungsgrenze der Turbine (vgl. Abschn. 3.5).

Einige der so erhaltenen Kennwerte für den Gleichgewichtslauf der Hüttenwerks-Gasturbine wurden in Abb. 96 zusammengestellt. Die Abszisse gibt die Windmenge, die Ordinate den Winddruck an. Die ausgezogenen Linien stellen die Drehzahlen der Gasturbine dar. Ferner wurden Linien konstanten Temperaturverhältnisses T_3/T_1 der Gasturbine eingetragen. Die durch die Linie 100% dargestellte Auslegungsbetriebstemperatur darf aus Lebensdauergründen im Dauerbetrieb nicht überschritten werden. Für kurzzeitige Überlasten wird man gewisse geringe Überschreitungen (z. B. bis 105%) zulassen können. Die strichpunktierten Linien stellen die Wirkungsgrade der Gasturbine bezogen auf die Windlieferung dar, wobei auch diese Werte durch den Wirkungsgrad im Auslegungspunkt dividiert wurden. Bei Windmenge Null wird dieser Wirkungsgrad natürlich Null.

Wie man aus Abb. 96 entnehmen kann, tritt in unserem Beispiel einer Hüttenwerks-Gasturbine die Pumpgrenze des Luftverdichters für die Windversorgung nicht in Erscheinung. Dies erklärt sich daraus, daß selbst bei Windmenge Null der Luftverdichter immer noch die relativ hohe Luftmenge für den Gasturbinenkreisprozeß liefern muß, so daß sich die Gesamtmenge der vom Verdichter zu fördernden Luft selbst bei starken Änderungen der Windentnahme nicht allzusehr verändert. Zum Vergleich ist in Abb. 97 die entsprechende Darstellung der Meßwerte einer ausgeführten Hüttenwerksgasturbine gezeigt. Hier tritt die Pump-

---

[1] Aus diesem Grunde wurde auch hier im Gegensatz zu den Abb. 93 u. 94 eine andere Darstellungsart gewählt, die der herkömmlichen ähnlicher ist.

grenze zwar noch in Erscheinung, jedoch nur in einem den Hüttenbetrieb kaum interessierenden Bereich.

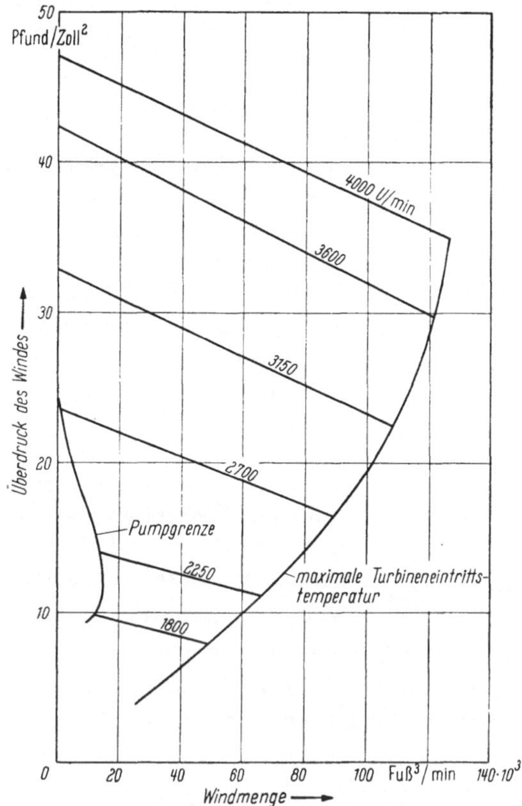

Abb. 97. Kennfeld einer ausgeführten Hüttenwerks-Gasturbine bezüglich der Windlieferung (nach G. H. KRAPF)

4.4 Über den Brennkammer-Druckverlust

Im folgenden wird eine zweckmäßige Näherung für die Berücksichtigung des Brennkammerdruckverlustes bei der Berechnung von Mischkennfeldern für Gasturbinen gezeigt [58].

Der Druckverlust in der Brennkammer entsteht einerseits durch die Wirbelbildung am Flammenhalter und andererseits durch die Erhöhung der Strömungsgeschwindigkeit der Gase in der Brennkammer als Folge der Dichteabnahme durch die Wärmezufuhr. Wie in [62] gezeigt, überwiegt der erstgenannte Anteil bei weitem. Vernachlässigt man dementsprechend den zweiten Anteil, so wird der Brennkammerdruckverlust von der Wärmezufuhr in der Brennkammer unabhängig, so daß man ihn entsprechend Abschn. 4.2 in das Verdichterkennfeld bei dessen Umrechnung einbeziehen kann.

Wir stellen zunächst den Gesamtdruckverlust ΔP_{BK} in der Brennkammer als Druckverlustgefälle ΔH_{BK} der Brennkammer dar (Abb. 98):

$$\Delta H_{BK} = \frac{k}{k-1} \cdot R \cdot T_2 \cdot \left[1 - \left(1 - \frac{\Delta P_{BK}}{P_2}\right)^{\frac{k-1}{k}} \right] \qquad (4.4/1)$$

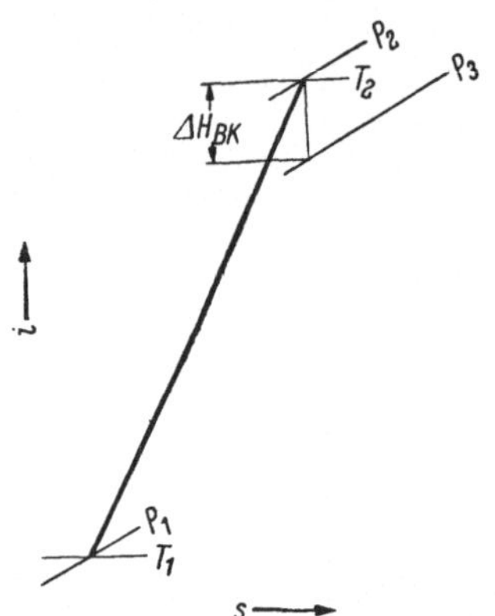

Abb. 98. Zur Definition des Brennkammer-Druckverlustgefälles ΔH_{BK}

wobei P_2 bzw. T_2 der Gesamtdruck bzw. die Gesamttemperatur am Verdichteraustritt bzw. Brennkammereintritt ist. Da sich die Strömung an der stromab gelegenen Seite des Flammenhalters ablöst, geht ΔH_{BK} in ausreichender Annäherung proportional zur Geschwindigkeitshöhe $c_2^2/(2 \cdot g)$ am Verdichteraustritt:

$$\Delta H_{BK} = K_1 \cdot c_2^2/(2 \cdot g) \approx K_2 \cdot \dot{V}_2^2 \qquad (4.4/2)$$

wobei K_1 bzw. K_2 Proportionalitätsfaktoren sind. Hierbei wurde wegen der Kleinheit der Geschwindigkeit c_2 am Verdichteraustritt diese näherungsweise mit dem Volumendurchsatz $\dot{V}_2$ bezogen auf den

Gesamtzustand am Verdichteraustritt berechnet. Wir drücken nun $\dot{V}_2$ durch den im Verdichterkennfeld enthaltenen Volumendurchsatz $\dot{V}_1$ bezogen auf den Gesamtzustand am Verdichtereintritt aus:

$$\frac{\dot{V}_2}{\sqrt{T_2}} = \frac{\dot{V}_1}{\sqrt{T_1}} \cdot \frac{P_1}{P_2} \cdot \sqrt{\frac{T_2}{T_1}} \qquad (4.4/3)$$

wobei P_1 bzw. T_1 der Gesamtdruck bzw. die Gesamttemperatur am Verdichtereintritt sind und das Temperaturverhältnis T_2/T_1 sich berechnet aus ($\eta_V =$ Verdichterwirkungsgrad):

$$\frac{T_2}{T_1} = 1 + \frac{1}{\eta_V} \cdot \left[\left(\frac{P_2}{P_1}\right)^{\frac{k-1}{k}} - 1 \right] \qquad (4.4/4)$$

Zusammengefaßt erhält man:

$$\frac{\Delta H_{BK}}{T_2} = K_2 \cdot \left(\frac{V_1}{\sqrt{T_1}}\right)^2 \cdot \left(\frac{P_1}{P_2}\right)^2 \cdot \left\{ 1 + \frac{1}{\eta_V} \cdot \left[\left(\frac{P_2}{P_1}\right)^{\frac{k-1}{k}} - 1 \right] \right\} \qquad (4.4/5)$$

Den Proportionalitätsfaktor K_2 erhält man aus dem Auslegungswert des Brennkammerdruckverlustes.

4.5 Über das Teillastverhalten von Wärmetauschern in Gasturbinen

Während wir bei den Teilturbomaschinen der Gasturbinen bei Vernachlässigung des Einflusses der REYNOLDS-Zahl Re' für die Beschreibung des Teillastverhaltens jeweils mit zwei unabhängigen Veränderlichen (Ähnlichkeitskenngrößen) ausgekommen sind, besteht bei den Wärmetauschern die Schwierigkeit darin, daß für diese zunächst vier unabhängige Veränderliche auftauchen. Es sind dies z. B. die Gewichtsdurchsätze[1] und die Eintrittstemperaturen der Strömungsmittel zu beiden Seiten der Austauschfläche. Bei den Wärmetauschern der Gasturbinen kann man meist mit ausreichender Annäherung annehmen, daß die Gewichtsdurchsätze und die mittleren spezifischen Wärmen der Strömungsmittel zu beiden Seiten der Austauschfläche übereinstimmen. Dadurch reduziert sich die Zahl der unabhängigen Veränderlichen hier von vornherein auf drei, nämlich den Gewichtsdurchsatz $\dot{G}$ und die Eintrittstemperaturen T_1 und T_2 des Strömungsmittels zu beiden Seiten der Austauschfläche. Im Hinblick auf die thermodynamischen Rechnungen für die Turbomaschinen wollen wir die Temperaturen in KELVIN-Graden rechnen. Dem wärmeabgebenden Mittel ordnen wir hier den Index 1, dem wärmeaufnehmenden den Index 2 zu. Für den Nennlastzustand kennzeichnen wir alle Werte durch den zusätzlichen Index N. Die folgenden Betrachtungen [63] werden auf Gegenstromwärmetauscher bezogen, da im wesentlichen nur diese für Verwendung in Gasturbinen in Frage kommen.

Unter den genannten Voraussetzungen erhält man für den Wärmetauscher ein Temperaturdiagramm entsprechend Abb. 99, d. h. die Temperaturdifferenz ϑ zwischen den beiden Strömungsmitteln ist an allen Stellen der Austauschfläche gleich groß. Die mittlere logarithmische Temperaturdifferenz ist damit ebenfalls gleich ϑ, so daß man für die in der Zeiteinheit übertragene Wärmemenge Q erhält:

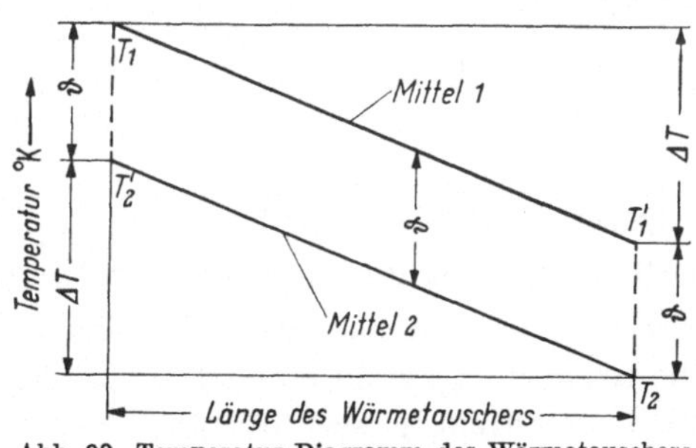

Abb. 99. Temperatur-Diagramm des Wärmetauschers einer Gasturbine [63]

$$Q = k \cdot F \cdot \vartheta = \dot{G} \cdot c_p \cdot \Delta T \tag{4.5/1}$$

---

[1] Wir verwenden hier im Gegensatz zu den Turbomaschinen nicht die Massendurchsätze sondern die Gewichtsdurchsätze, da heutzutage die thermischen Daten der Strömungsmittel in der Literatur meist noch bezogen auf die Gewichtseinheit statt auf die Masseneinheit angegeben werden.

(k = Wärmedurchgangszahl, F = Austauschfläche). Da der Gewichtsdurchsatz $\dot{G}$ und die mittlere spezifische Wärme c_p des Strömungsmittels beiderseits der Austauschfläche voraussetzungsgemäß gleich sein sollen, gilt dies auch für die Temperaturänderungen dieser Mittel:

$$\varDelta T = T_1 - T_1' = T_2' - T_2 \qquad (4.5/2)$$

(T_1' bzw. T_2' = Austrittstemperaturen der beiden Mittel aus dem Wärmetauscher) weshalb in Gl. (4.5/1) die rechte Seite nur einmal und ohne Index geschrieben wurde.

Der Austauschgrad des Wärmetauschers ist in üblicher Weise:

$$\eta_{WT} = \frac{\varDelta T}{T_1 - T_2} \qquad (4/5.3)$$

Hierin ist $T_1 - T_2 = \varDelta T + \vartheta$ (vgl. Abb. 99) und man erhält mit Gl. (4.5/1):

$$\eta_{WT} = \frac{1}{1 + \dfrac{\vartheta}{\varDelta T}} = \frac{1}{1 + \dfrac{\dot{G} \cdot c_p}{k \cdot F}} \qquad (4.5/4)$$

bzw. nach Bezugnahme auf den Nennlastzustand unter Beachtung, daß die Austauschfläche F ein konstanter Wert ist:

$$\frac{\eta_{WT}}{\eta_{WTN}} = \frac{1 + \dfrac{\dot{G}_N \cdot c_{pN}}{k_N \cdot F}}{1 + \dfrac{\dot{G} \cdot c_p}{k \cdot F}} = \frac{1 + \dfrac{\dot{G}_N \cdot c_{pN}}{k_N \cdot F}}{1 + \dfrac{\dot{G}_N \cdot c_{pN}}{k_N \cdot F} \cdot \dfrac{(\dot{G}/\dot{G}_N) \cdot (c_p/c_{pN})}{k/k_N}} \qquad (4.5/5)$$

Durch diese Gleichung ist η_{WT}/η_{WTN} in Abhängigkeit von den Veränderlichen $\dot{G}/\dot{G}_N$ und k/k_N dargestellt. Die Dimensionierung des Wärmetauschers für den Nennlastzustand erscheint nur in der Größe[1] $\dot{G}_N \cdot c_{pN}/k_N \cdot F$. Die Größe c_p/c_{pN} stellt eine sekundäre Einflußgröße dar. Genügt es nicht, mit konstantem c_p, also mit $c_p/c_{pN} = 1$ zu rechnen, so wird man wohl am besten für c_p jeweils den Wert für die mittlere Temperatur $\frac{1}{2} \cdot (T_1 + T_2)$ einsetzen. Dann ist c_p/c_{pN} als Funktion von $(T_1 + T_2)/(T_{1N} + T_{2N})$ darstellbar.

Nun müssen wir k/k_N als Funktion von $\dot{G}/\dot{G}_N$, T_1/T_{1N} und T_2/T_{2N} darstellen. Wir vernachlässigen dabei den Wärmeleitungswiderstand der Rohrwandungen, was man im allgemeinen ohne weiteres tun kann, so daß wir k aus $1/k = (1/\alpha_1) + (1/\alpha_2)$ erhalten zu:

$$k = \frac{\alpha_1 \cdot \alpha_2}{\alpha_1 + \alpha_2} \qquad (4.5/6)$$

---

[1] Die Größe $k \cdot F/c_p \cdot G$ wird im US-amerikanischen Schrifttum als NTU (number of transfer units) bezeichnet [64].

(α_1, α_2 = Wärmeübergangszahlen auf den beiden Seiten der Austauschfläche) bzw. nach Bezugnahme auf den Nennlastzustand:

$$\frac{k}{k_N} = \frac{\dfrac{\alpha_1}{\alpha_{1N}} \cdot \dfrac{\alpha_2}{\alpha_{2N}}}{\dfrac{\alpha_1}{\alpha_{1N}} \cdot \dfrac{1}{1 + \dfrac{\alpha_{2N}}{\alpha_{1N}}} + \dfrac{\alpha_2}{\alpha_{2N}} \cdot \dfrac{1}{1 + \dfrac{\alpha_{1N}}{\alpha_{2N}}}} = \frac{\dfrac{\alpha_1}{\alpha_{1N}} \cdot \dfrac{\alpha_2}{\alpha_{2N}}}{\dfrac{\alpha_1}{\alpha_{1N}} \cdot \dfrac{k_N}{\alpha_{2N}} + \dfrac{\alpha_2}{\alpha_{2N}} \cdot \dfrac{k_N}{\alpha_{1N}}} \qquad (4.5/7)$$

Die Dimensionierung des Wärmetauschers für den Nennlastzustand erscheint hier durch die Größe α_{2N}/α_{1N} (bzw. die beiden voneinander abhängigen Größen k_N/α_{1N} und k_N/α_{2N}). Für die Wärmeübergangszahlen α nehmen wir die üblichen Potenzgesetze an:

$$Nu_1 = \alpha_1 \cdot \frac{d_1}{\lambda_1} = K_1 \cdot Re_1^m$$
$$Nu_2 = \alpha_2 \cdot \frac{d_2}{\lambda_2} = K_2 \cdot Re_2^n \qquad (4.5/8)$$

(Nu = NUSSELTsche Zahl, Re = REYNOLDS-Zahl, d = Rohrdurchmesser bzw. äquivalenter hydraulischer Durchmesser, λ = Wärmeleitzahl des Strömungsmittels). Die Konstanten K und die Exponenten m bzw. n wurden für die beiden Seiten der Austauschfläche verschieden angenommen, um z. B. auch innerhalb der Rohre Längsströmung, außerhalb derselben jedoch Querströmung behandeln zu können. Die Änderung der PRANDTL-Zahl mit der Temperatur wurde hierbei vernachlässigt, was im hier interessierenden Temperaturbereich in der Regel ohne weiteres möglich ist. Für die REYNOLDS-Zahlen Re gilt:

$$Re_1 = \frac{d_1}{g \cdot f_1} \cdot \frac{\dot{G}_1}{\mu_1}$$
$$Re_2 = \frac{d_2}{g \cdot f_2} \cdot \frac{\dot{G}_2}{\mu_2} \qquad (4.5/9)$$

(g = Erdbeschleunigung, f = freie Durchtrittsquerschnitte für die wärmeaustauschenden Mittel). Nun kann man für die absolute Zähigkeit μ und die Wärmeleitzahl λ von Luft (und mit ausreichender Annäherung auch für die sehr luftähnlichen Abgase einer Gasturbine) Potenzgesetze annehmen:

$$\mu = C_r \cdot T^r \qquad (4.5/10)$$
$$\lambda = C_s \cdot T^s \qquad (4.5/11)$$

Damit erhält man die in Gl. (4.5/7) benötigten Werte aus den Gln. (4.5/8) in der Form:

$$\frac{\alpha_1}{\alpha_{1N}} = \left(\frac{T_1 + T_2}{T_{1N} + T_{2N}}\right)^{s - m \cdot r} \cdot \left(\frac{\dot{G}}{\dot{G}_N}\right)^m$$
$$\frac{\alpha_2}{\alpha_{2N}} = \left(\frac{T_1 + T_2}{T_{1N} + T_{2N}}\right)^{s - n \cdot r} \cdot \left(\frac{\dot{G}}{\dot{G}_N}\right)^n \qquad (4.5/12)$$

Auch hier wurden für λ und μ wie oben für c_p die Werte für die mittlere Temperatur im Wärmetauscher benutzt.

Durch Einsetzen der Gln. (4.5/12) in Gl. (4.5/7) und letzterer in Gl. (4.5/5) erhält man die gewünschte Darstellung des Teillastverhaltens eines Gasturbinen-Wärmetauschers in Abhängigkeit von $\dot{G}/\dot{G}_N$ und $(T_1 + T_2)/(T_{1N} + T_{2N})$. Wie man sieht, sind die beiden unabhängigen Veränderlichen T_1/T_{1N} und T_2/T_{2N} infolge der besonderen Wahl der Bezugstemperatur für c_p/c_{pN}, λ/λ_N und μ/μ_N nur mehr in der Kombination $(T_1 + T_2)/(T_{1N} + T_{2N})$ vertreten. Wir haben also durch diesen Kunstgriff die Zahl der unabhängigen Veränderlichen von drei auf zwei herabgedrückt, so daß wir eine bequeme Darstellung erhalten.

Dabei ist zu beachten, daß das Verhalten der Wärmetauscher bezüglich des in erster Linie für die Gasturbine interessierenden Austauschgrades durch *Reynolds-Zahlen* bestimmt wird. In den Turbomaschinen der Gasturbinen stehen jedoch für die Bestimmung des Teillastverhaltens die *Machzahlen* (für eine Umfangsgeschwindigkeit und für eine die Förderhöhe bzw. das Gefälle bestimmende Bezugs-Strömungsgeschwindigkeit) an erster Stelle. Die Reynolds-Zahlen-Abhängigkeit in den Turbomaschinen der Gasturbinen wird heute in der Regel nur soweit berücksichtigt, als sie als Abhängigkeit von der Mach-Zahl der Bezugs-Strömungsgeschwindigkeit darstellbar ist (vgl. Abschn. 1.5). Man tut dies — wie dort erwähnt —, um mit nur zwei unabhängigen Veränderlichen auszukommen und so die Rechnungen zu vereinfachen. Damit enthält auch das Kennfeld einer Gasturbine mit einem Gaserzeugerläufer *ohne* Wärmetauscher nur zwei unabhängige Veränderliche (z. B. eine Umfangs-Mach-Zahl und das Verhältnis der Temperaturen am Eintritt von Turbine und Verdichter). Wird nun ein Wärmetauscher hinzugenommen, so sind nach obiger Darstellung die bestimmenden Ähnlichkeitsgesetze für Turbomaschinenaggregat und Wärmetauscher verschieden. Das macht sich dadurch bemerkbar, daß zwar für das Teillastverhalten eines jeden dieser Teile der Gasturbine nur zwei unabhängige Veränderliche maßgebend sind, aber es handelt sich leider jeweils um andere. So muß für die Turbomaschinen der Durchsatz durch die Ähnlichkeitskenngröße $(\dot{G}/\dot{G}_N) \cdot \sqrt{T_E/T_{EN}}/(P_E/P_{EN})$ angegeben werden[1], für die Wärmetauscher jedoch durch $\dot{G}/\dot{G}_N$. Das Kennfeld einer Gasturbine mit einem Gaserzeugerläufer *mit* Wärmetauscher enthält daher mehr als zwei unabhängige Veränderliche. Um diese Unbequemlichkeit zu vermeiden, wird man oft den Einfluß der Veränderungen von T_E/T_{EN} und P_E/P_{EN} mit dem Wetter am Aufstellungsort der Gasturbine für die Wärmetauscher vernachlässigen, d. h. für diese immer $T_E/T_{EN} = 1$ und

---

[1] Der Index E verweist auf den Eintritt der jeweiligen Turbomaschine, für die gesamte Gasturbine auf den Eintritt ihres Verdichters.

$P_E/P_{EN} = 1$ annehmen und somit in den Gln. (4.5/12) $\dot{G}/\dot{G}_N$ durch $(\dot{G}/\dot{G}_N)\cdot\sqrt{T_E/T_{EN}}/(P_E/P_{EN})$ ersetzen. Unser tieferstehendes Beispiel wird zeigen, daß die Veränderungen von η_{WT}/η_{WTN} mit $\dot{G}/\dot{G}_N$ so gering sind, daß gegen diese Vernachlässigung keine Bedenken bestehen.

Stärkere Veränderungen des normalen Außenzustandes T_{EN}, P_{EN} bei Änderung des Aufstellungsortes der Gasturbine (z. B. in verschiedenen Höhen über dem Meeresspiegel) wird man dagegen durch geeignete Wahl der Nennlastwerte berücksichtigen müssen.

Ein Beispiel mit den Nennlastwerten $T_{1N} = 450°$ C, $T_{2N} = 200$ °C, $\eta_{WTN} = 0{,}80$, $k_N/\alpha_{1N} = 0{,}55$, $k_N/\alpha_{2N} = 0{,}45$ soll die Größenordnung der Veränderungen von η_{WT} zeigen. Die Abgase strömen durch die Rohre ($m = 0{,}8$), die zu erwärmende Kaltluft außen in mehreren Durchtritten quer zu den Rohren ($n = 0{,}6$). Mit hinreichender Annäherung kann man im normalen Temperaturbereich für Luft $r = 0{,}65$ und $s = 0{,}75$ annehmen.

Damit erhält man für die Gln. (4.5/12):

$$\frac{\alpha_1}{\alpha_{1N}} = \left(\frac{T_1 + T_2}{T_{1N} + T_{2N}}\right)^{0{,}23} \cdot \left(\frac{\dot{G}}{\dot{G}_N}\right)^{0{,}8}$$

$$\frac{\alpha_2}{\alpha_{2N}} = \left(\frac{T_1 + T_2}{T_{1N} + T_{2N}}\right)^{0{,}36} \cdot \left(\frac{\dot{G}}{\dot{G}_N}\right)^{0{,}6}$$

und für η_{WT}/η_{WTN} die in Abb. 100 dargestellten Abhängigkeiten von $\dot{G}/\dot{G}_N$ und $(T_1 + T_2)/(T_{1N} + T_{2N})$. Die Veränderungen von η_{WT}/η_{WTN} sind

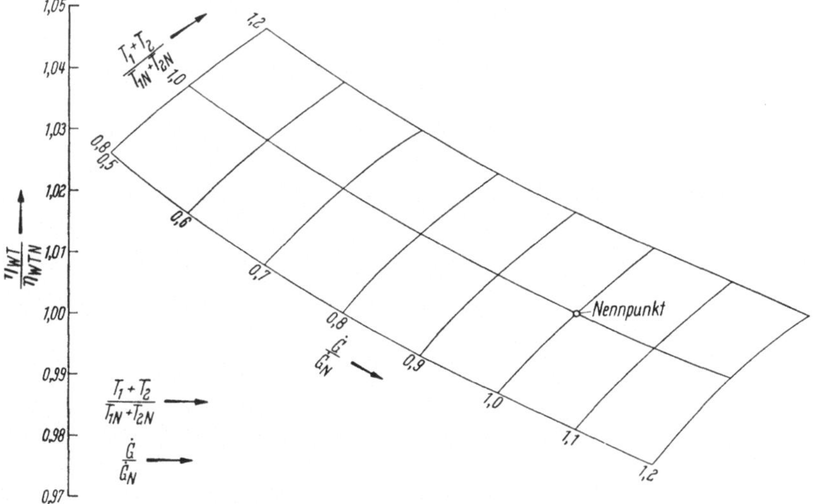

Abb. 100. Beispiel für die Kennlinien des Wärmetauschers einer Gasturbine [63]

gering. Mit geringer werdendem $\dot{G}$ steigt die je Gewichtseinheit des sekundkundlichen Durchsatzes zur Verfügung stehende Austauschfläche des

Wärmetauschers an, womit auch η_{WT} ansteigt. Die Verbesserung von η_{WT} bei Steigerung von $T_1 + T_2$ ist — wie man aus den Exponenten des Temperaturgliedes für die Wärmeübergangszahlen entnehmen kann — durch die Steigerung der Wärmeleitzahl mit steigender Temperatur bedingt. Dieser Anstieg wird durch die mit der Temperatur zunehmende Zähigkeit der Luft und die dadurch erniedrigten REYNOLDS-Zahlen vermindert.

Bei geringeren Genauigkeitsanforderungen kann man für die Exponenten des Temperatur- und des Durchsatzgliedes in den Gleichungen für die Wärmeübergangszahl auf beiden Seiten der Austauschfläche denselben mittleren Wert (z. B. 0,3 bzw. 0,7) annehmen. Dann gilt für k/k_N:

$$\frac{k}{k_N} = \left(\frac{T_1 + T_2}{T_{1N} + T_{2N}} \right)^{0,3} \cdot \left(\frac{\dot{G}}{\dot{G}_N} \right)^{0,7}$$

was die Rechnung vereinfacht. Für noch gröbere Rechnungen kann man hierin auch noch das Temperaturglied weglassen [65].

Der Einfluß der Druckverluste im Wärmetauscher auf das Teillastverhalten einer Gasturbine ist gering. Man kann daher in der Regel die Abhängigkeit der Druckverlustbeiwerte von den REYNOLDS-Zahlen vernachlässigen. Die Druckverluste auf beiden Seiten der Austauschfläche sind dann durch *konstante* Proportionalitätsfaktoren mit den entsprechenden Geschwindigkeitshöhen verbunden (vgl. Abschn. 4.4).

Schrifttum

a) Zusammenfassende Darstellungen

[1] FRIEDRICH, R.: Gasturbinen mit Gleichdruckverbrennung. Karlsruhe: Braun 1949.

[2] FUCHS, R.: Kreisprozesse der Gasturbinen und die Versuche zu ihrer Verwirklichung. Berlin: Springer 1940.

[3] GODSEY, F. W., and L. A. YOUNG: Gas Turbines for Aircraft. New York/Toronto/London: McGraw-Hill 1949.

[4] KRUSCHIK, J.: Die Gasturbine. Wien: Springer 1960.

[5] LEE, J. F.: Theory and Design of Steam and Gas Turbines. New York/Toronto/London: McGraw-Hill 1954.

[6] ROXBEE COX, H.: Gas Turbines, Principles and Practice. New York: D. van Nostrand Comp. 1955.

[7] SHEPHERD, D. G.: An Introduction to the Gas Turbine. London: Constable & Co. 1950.

[8] VINCENT, E. T.: The Theory and Design of Gas Turbines and Jet Engines. New York/Toronto/London: McGraw-Hill 1950.

b) Darstellung von Einzelproblemen

[10] WEINIG, F.: Die zu einem Axialgebläse gleichwertige Profilpolare. Jb. 1939 d. Dtsch. Luftfahrtforschung, S. II 218/233.

[11] Formelzeichen bei Beschaufelungen von axialen Strömungsmaschinen. Berichte der Gittertagung in Braunschweig. Inst. f. Motorenforschung der Luftfahrtforschungsanstalt 27./28. 3. 1944.

[12] SÖRENSEN, E.: Einheitsdiagramme für Dampfturbinen. ZVDI 83 (1939), S. 565/570.

[13] TRAUPEL, W.: Neue allgemeine Theorie der mehrstufigen axialen Turbomaschinen. Zürich: Leemann 1942.

[14] HAUSENBLAS, H.: Auslegungsdiagramme für Turbinenstufen. MTZ 11 (1950), Nr. 4, S. 96/97.

[15] ECKERT, B.: Axialkompressoren und Radialkompressoren. Berlin/Göttingen/Heidelberg: Springer 1953.

[16] HOWELL, A. R.: The Present Basis of Axial Flow Compressor Design. — Part I: Cascade Theory and Performance. RAE-Report Nr. E 3946, Juni 1942.

[17] — The Present Basis of Axial Flow Compressor Design. — Part II: Compressor Theory and Performance. RAE-Report Nr. E 3961, Dezember 1942.

[18] — Fluid Dynamics of Axial Compressors. Inst. Mech. Eng., Proceedings 1945, Vol. 153 (War Emergency Issue Nr. 12) S. 441.

[19] — u. A. D. S. CARTER: Fluid Flow Through Cascades of Aerofoils. 6. Kongress f. Angewandte Mechanik, Paris 1946.

[20] — The Aerodynamics of the Gas Turbine. J. Roy. Aeron. Soc. (1948), Nr. 500, S. 329/348.

[21] Carter, A. D. S., and H. P. Hughes: A Theoretical Investigation into the Effect of Profile Shape on the Performance of Aerofoils in Cascade. Aeron. Research Council (Great Britain), Rep. and Memor. Nr. 2384 (1950).

[22] — The Low Speed Performance of Related Aerofoils in Cascades. Aeron. Research Council (Great Britain), Current Paper Nr. 29 (1950).

[23] Hausenblas, H.: Axialverdichterberechnung in Groß-Britannien und den USA. Konstruktion 4 (1952), Nr. 6, S. 173/179.

[24] — Zusammenfassende Übersicht über britische Schaufelgittermessungen. Konstruktion 11 (1959), Nr. 12, S. 474/479.

[25] Zweifel, O.: Le problème du pas optimum des aubages des turbomachines lors de grandes déviations du courant dans les grilles d'aubes. Revue Brown Boveri 32 (1945), Nr. 12, S. 436/444.

[26] Wislicenus, G. F.: Fluid Mechanics of Turbomachinery. New York/London: McGraw-Hill 1947.

[27] Weinig, F.: Die Strömung um die Schaufeln von Turbomaschinen. Leipzig: J. A. Barth 1935.

[28] Senger, U.: Die Betriebskennlinien mehrstufiger Verdichter. BBC-Nachrichten. Jan./März 1941, S. 19/27.

[29] Salzmann, F.: Über die Druck-Volumen-Kennlinien vielstufiger Axialverdichter. Schweiz. Bauztg. 124 (1944), Nr. 2, S. 13/16.

[30] Hausenblas, H.: Die Vorausberechnung von Turbinenkennfeldern. Schweiz. Bauztg. 67 (1949), Nr. 13, S. 181/183.

[31] — Le calcul de champs de caractéristiques de turbines. Technique et Science Aéronautiques (1948), Nr. 4, S. 227/239.

[32] — Die Kennfelder der Turbinenteile von Gasturbinen. Habilit. Schrift Techn. Hochschule Karlsruhe 1957 und Energie 9 (1957), Nr. 10, S. 373/378, Nr. 12, S. 494/498, 10 (1958), Nr. 4, S. 131/137.

[33] Sauer, R.: Einführung in die theoretische Gasdynamik. Berlin/Göttingen/Heidelberg: Springer 1951.

[34] Lukasiewicz, J.: Adiabatic Flow in Pipes. Aircraft Engng. 19 (1947) Nr. 216, S. 55/59 und Nr. 217, S. 86/92.

[35] Hadlatsch, P.: Reibende Gasströmung durch Drosselstellen sowie Reflexion anbrandender Druckwellen mit großen Amplituden. ZVDI 95 (1953), Nr. 17/18, S. 503/510 und Nr. 20, S. 706/711.

[36] Hausenblas, H.: Profilfamilien für Turbinenteile von Gasturbinen. MTZ 22 (1961), Nr. 1, S. 26/29.

[37] Ainley, D. G.: An Approximate Method of the Estimation of the Design Point Efficiency of Axial Flow Turbines. Aeron. Research Council (Great Britain), Current Paper Nr. 30 (1950).

[38] Ainley, D. G., u. R. A. Jeffs: Analysis of the Air Flow through Four Stages of Half-Vortex Blading in an Axial Compressor. Aeron. Research Council (Great Britain), Rep. and Memor. Nr. 2383 (1950).

[39] Hausenblas, H.: Versuche an Turbinenlaufschaufelgittern. Ing. Archiv 19 (1951), Nr. 2, S. 75/82.

[40] Ackeret, J., C. Keller u. F. Salzmann: Die Verwendung von Luft als Untersuchungsmittel für Probleme des Dampfturbinenbaues — 2. Teil. Schweiz. Bauztg. 104 (1934), Nr. 24, S. 275/278.

[41] Keller, C.: Modellversuche an Dampfturbinen-Elementen. Escher-Wyss-Mitt. 10 (1937), Nr. 1, S. 3/9.

[42] Neue Aerodynamische Methode. Escher-Wyss-Mitt., Sonderheft *Forschung an Turbomaschinen*, S. 4/12.

[*43*] LUKSCH, W., et A. W. QUICK: Essais de grille d'accélération dans un fluide compressible. Assoc. Technique Maritime et Aéronautique, Paris, Session 1953.

[*44*] AINLEY, D. G.: Performance of Axial-Flow Turbines. NGTE-Lectures, *Internal Combustion Turbines* (1948), S. 230/244.

[*45*] STODOLA, A.: Die Dampf- und Gasturbinen. Berlin: Springer 1922, S. 127.

[*46*] ZIETEMANN, C.: Berechnung und Konstruktion der Dampfturbinen. Berlin: Springer 1930, S. 33.

[*47*] FLÜGEL, G.: Die Dampfturbinen. Leipzig: J. A. Barth 1931, S. 67.

[*48*] KRAFT, H.: Reaction Tests of Turbine Nozzles for Subsonic Velocities. Transact. ASME, Oct. 1949, S. 781/787.

[*49*] WEWERKA u. SCHMIDT: Untersuchung von Lavaldüsen und Mündungen. Forschungsber. Nr. 1409 d. Dtsch. Luftfahrtforschung.

[*50*] TODD, K. W.: Practical Aspects of Cascade Wind Tunnel Research. Inst. Mech. Eng., Proceedings 157 (1947), S. 482/490.

[*51*] HAUSENBLAS, H.: Kennfelder des Turbinenteiles von Gasturbinen. Konstruktion 8 (1956), Nr. 7, S. 262/268.

[*52*] — Druckverteilungsmessungen an einer sich hinter einem Turbinendüsengitter vorbeibewegenden Turbinenlaufschaufel. Berichte d. Gittertagung in Braunschweig, Inst. f. Motorenforschung d. Luftfahrtforschungsanstalt, 27./28. März 1944, Br. B. Nr. M 325/44g, S. 95/100.
— Pressure Distribution Measurements on a Turbine Rotor Blade Passing Behind a Turbine Nozzle Lattice. NACA-Techn. Memor. Nr. 1173, Sept. 1947.

[*53*] KELLER, C.: Axialgebläse vom Standpunkt der Tragflügeltheorie. Mitt. Inst. Aerodynamik ETH Zürich Nr. 2. Zürich: Leemann 1934.

[*54*] BETZ, A.: Diagramme zur Berechnung von Flügelreihen. Ing. Archiv 2 (1931), S. 359/371.

[*55*] AINLEY, D. G., S. E. PETERSEN and R. A. JEFFS: Overall Performance of a Four-Stage Reaction Turbine. Aeron. Research Council (Great Britain), Rep. and Memor. Nr. 2416.

[*56*] MALLINSON, D. H., and G. E. LEWIS: The Part-Load Performance of Various Gas-Turbine Engine Schemes. NGTE-Lectures *Internal Combustion Turbines* (1948), S. 198/219.

[*57*] MÜHLEMANN, E.: Zur Aufwertung des Wirkungsgrades von Überdruck-Wasserturbinen. Schweiz. Bauztg. 66 (1948), Nr. 24, S. 331/333.

[*58*] HAUSENBLAS, H.: Über Turbinenkennfelder. Schweiz. Bauztg. 66 (1948), Nr. 8, S. 108/110.
— Considérations sur les champs de caractéristiques de turbines. Technique et Science Aéronautiques (1948), Nr. 1, S. 50/55.

[*59*] GOLDSTEIN, A. W.: Analysis of Performance of Jet Engine from Characteristics of Components. Aerodynamic and Matching Characteristics of Turbine Component Determined with Cold Air. NACA-Rep. Nr. 878.

[*60*] BAMMERT, K.: Grundlagen zur Regelung von Turbinentriebwerken. Technik 2 (1947), Nr. 7, S. 297/308.

[*61*] KÜHL, H.: Grundlagen der Regelung von Gasturbinentriebwerken für Flugzeuge. Dtsch. Luftfahrtforschg., Forschungsber. Nr. 1796/1, 1796/2 u. 1796/3 (1943).

[*62*] HAUSENBLAS, H., u. A. PFLEGHAAR: Die Vorausberechnung der Strömungsverhältnisse in einer Brennkammer für Gasturbinen. MTZ 13 (1952), Nr. 8, S. 193/197.

[*63*] HAUSENBLAS, H.: Das Teillastverhalten von Wärmetauschern in Gasturbinenanlagen. MTZ 18 (1957), Nr. 9, S. 288/290.

[64] ARONSON, D.: Design of Regenerators for Gas-Turbine Service. Transact. ASME 72 (1950), Nr. 7, S. 967/978.

[65] BAMMERT, K.: Das Verhalten einer geschlossenen Heißluftturbinenanlage als Heizkraftwerk bei veränderten Betriebsbedingungen. Konstruktion 8 (1956), Nr. 11, S. 443/452.

[66] HELD, W.: Über die Kennfeldberechnung mehrstufiger Axialverdichter bei hohen Unterschallgeschwindigkeiten und großen Druckverhältnissen. Wiss. Zeitschr. Techn. Hochsch. Dresden 8 (1958/59), S. 465/474.

[67] Gasturbine zum Antrieb eines 1000-kW-Generators für die englische Marine. MTZ 20 (1959), Nr. 11, S. 436/439, Abb. 4 u. 5.

[68] SCHOLZ, N.: Ein einfaches Singularitätenverfahren zur Erzeugung von Schaufelgittern. ZAMM 30 (1950), S. 262/263.

[69] SCHLICHTING, H., u. N. SCHOLZ: Über die theoretische Berechnung der Strömungsverluste eines ebenen Schaufelgitters. Ing. Archiv 19 (1951), S. 42/65.

[70] SCHOLZ, N.: On the Calculation of the Potential Flow Around Airfoils in Cascade. J. Aeron. Sciences 18 (1951), S. 68/69.

[71] SCHLICHTING, H.: Ergebnisse und Probleme von Gitteruntersuchungen. ZFW 1 (1953), Nr. 5, S. 109/122.

[72] SCHOLZ, N.: Die Berechnung der Druckverteilung der ebenen Platte im Gitter. Abh. Braunschw. wissensch. Ges. 5 (1953), S. 152/163.

[73] SCHLICHTING, H.: Problems and Results of Investigations on Cascade Flow. J. Aeron. Sciences 21 (1954), S. 163/178.

[74] SCHOLZ, N.: Strömungsuntersuchungen an Schaufelgittern; Teil I: Versuche über Drallströmungen hinter axialen Schaufelgittern; Teil II: Ein Berechnungsverfahren zum Entwurf von Schaufelgitterprofilen. VDI-Forschungsheft 442 (1954).

[75] – Über den Einfluß der Schaufelhöhe auf die Randverluste in Schaufelgittern. Forschg. Ing. Wes. 20 (1954), S. 155/157.

[76] SPEIDEL, L.: Einfluß der Oberflächenrauhigkeit auf die Strömungsverluste in ebenen Schaufelgittern. Forschg. Ing. Wes. 20 (1954), S. 129/140.

[77] – Berechnung der Strömungsverluste von ungestaffelten ebenen Schaufelgittern. Ing. Archiv 22 (1954), S. 295/322.

[78] SCHLICHTING, H.: Berechnung der reibungslosen inkompressiblen Strömung für ein vorgegebenes Schaufelgitter. VDI-Forschungsheft 447 (1955).

[79] SCHOLZ, N.: Berechnung der Kennlinie eines Verdichters auf Grund grenzschichttheoretischer Gitteruntersuchungen. Jb. wiss. Ges. Luftfahrt (1955), S. 205/213.

[80] SCHLICHTING, H.: Randverluste in Pumpengittern. ZFW 4 (1956), Nr. 1/2, S. 35/40.

[81] – The Variable Density High Speed Cascade Wind Tunnel of the Deutsche Forschungsanstalt für Luftfahrt (DFL) in Braunschweig; Bericht auf dem AGARD-Wind-Tunnel-Panel-Meeting Rom, Febr. 1956; AGARD-Report Nr. 91.

[82] SCHOLZ, N.: Über die Durchführung systematischer Messungen an ebenen Schaufelgittern. ZFW 4 (1956), Nr. 10, S. 313/334.

[83] – Über die Berücksichtigung des Kompressibilitätseinflusses bei Schaufelgitterströmungen. ZFW 5 (1957), Nr. 9, S. 265/269.

[84] SPEIDEL, L., u. N. SCHOLZ: Untersuchungen über die Strömungsverluste in ebenen Schaufelgittern. VDI-Forschungsheft 464 (1957).

[85] SCHLICHTING, H., u. E. G. FEINDT: Berechnung der reibungslosen Strömung für ein vorgegebenes ebenes Schaufelgitter bei hohen Unterschallgeschwindigkeiten. Forschg. Ing. Wes. 24 (1958), Nr. 1, S. 19/28.

[86] SCHOLZ, N., u. U. HOPKES: Der Hochgeschwindigkeits-Gitterwindkanal der Deutschen Forschungsanstalt für Luftfahrt, Braunschweig. Forschg. Ing. Wes. 25 (1959), Nr. 5, S. 133/147.

[87] GREWE, K. H.: Druckverteilungsmessungen und theoretische Vergleichsrechnungen an ebenen Schaufelgittern bei hohen Unterschallgeschwindigkeiten. Forschg. Ing. Wes. 25 (1959), Nr. 1, S. 1/16.

[88] GERSTEN, K.: Der Einfluß der Reynoldszahl auf die Strömungsverluste in ebenen Schaufelgittern. Abh. Braunsch. Wiss. Ges. 11 (1959), S. 5/19.

[89] MARTENSEN, E.: Die Berechnung der Druckverteilung an dicken Gitterprofilen mit Hilfe von Fredholmschen Integralgleichungen zweiter Art. Mitt. MPI f. Strömungsforschg. u. der AVA Göttingen, Nr. 23 (1959).

[90] HOPKES, U.: Der Einfluß der Machzahl bei ebenen Schaufelgitterströmungen, Nachlaufmessungen und Vergleichsmessungen bei hohen Unterschallgeschwindigkeiten. Forschg. Ing. Wes. 26 (1960), Nr. 5, S. 141/152.

[91] RICHTER, W.: Berechnung der Druckverteilung von ebenen Schaufelgittern mit stark gewölbten dicken Profilen bei inkompressibler Strömung. Ing. Archiv 29 (1960), S. 351/372.

[92] RIEGELS, F. W.: Fortschritte in der Berechnung der Strömung durch Schaufelgitter. ZFW 9 (1961), Nr. 1, S. 2/15.

[93] BAUERMEISTER, K. J.: Untersuchungen über die Sekundärverluste der Beschaufelung axialer Turbomaschinen. Vortr. WGL-Ausschuß-Sitzg. Aachen 2. 11. 1961.

[94] SPEIDEL, L.: Vergleichende Untersuchungen der Sekundärströmung eines Verdichtergitters im Gitterkanal und in der Stufe. Vortr. WGL-Ausschuß-Sitzg. Aachen 2. 11. 1961.

[95] ACKERMANN, E.: Experimentelle Nachprüfung einer theoretischen Kennfeldberechnung für axiale Strömungsmaschinen am Beispiel einer Verdichterstufe. Vortr. WGL-Ausschuß-Sitzg. Aachen 3. 11. 1961.

[96] TRAUPEL, W.: Thermische Turbomaschinen, Bd. I u. II. Berlin/Göttingen/ Heidelberg: Springer 1958/1960.